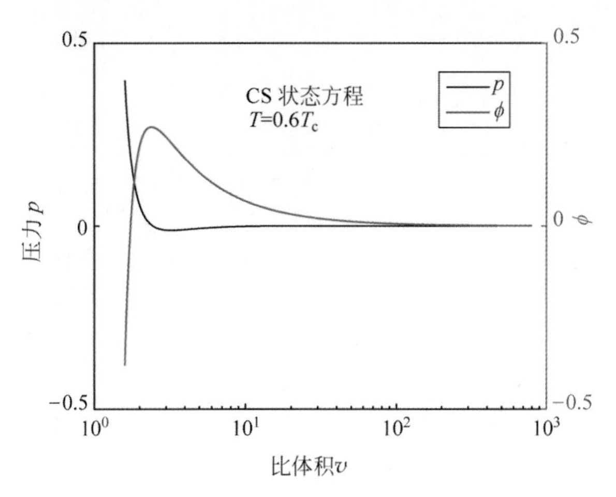

图 3.3　p 和 ϕ 关于比体积v 的变化

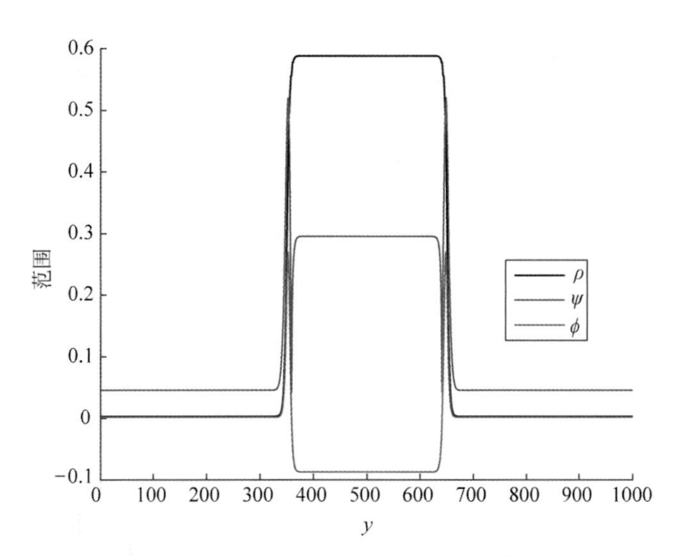

图 3.4　0.6T_c 时 ρ，ψ 和 ϕ 沿 y 方向变化剖面图

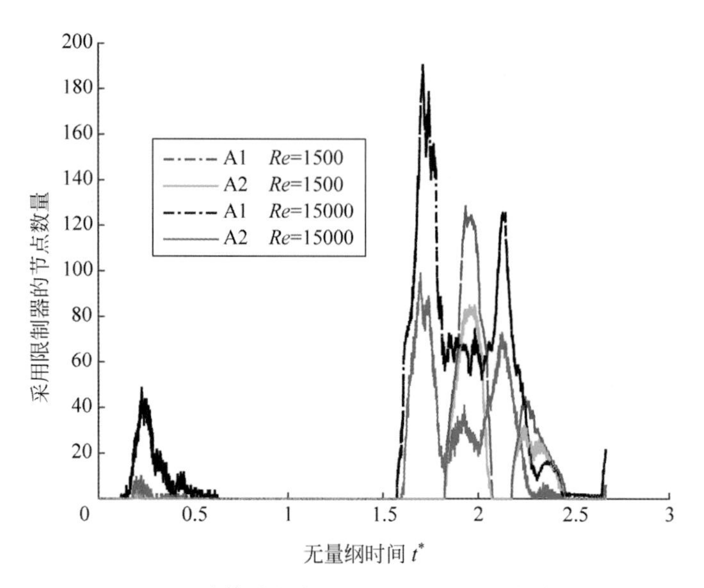

图 3.19 计算过程中采用 A1 和 A2 限制器的次数

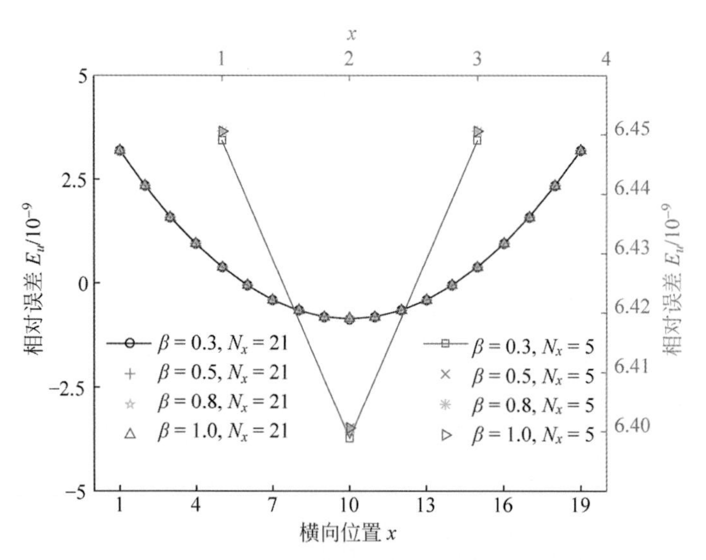

图 5.7 比较泊肃叶流动在两套网格中不同
松弛因子设置下的计算相对误差

注：左侧纵坐标为 $N_x=21$ 的相对误差，右侧纵坐标为 $N_x=5$ 的相对误差。

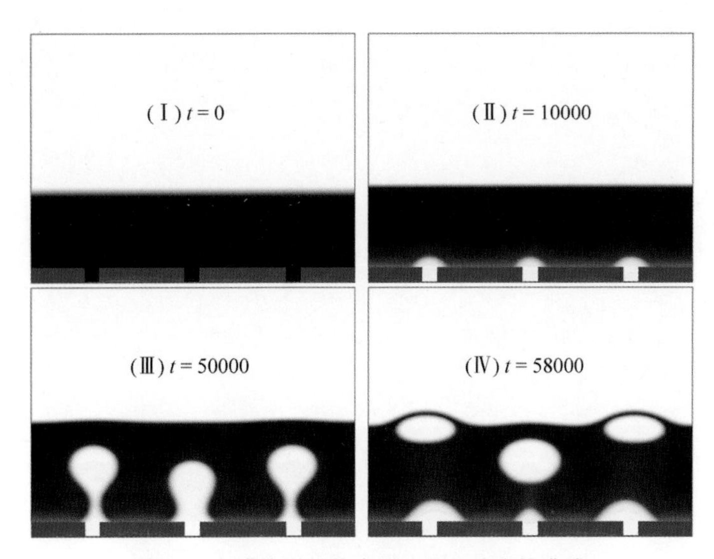

图 5.39　液体在加热表面凹洞处的成核沸腾

清华大学优秀博士学位论文丛书

格子玻尔兹曼汽液多相流算法数值稳定性研究

吴勇勇（Wu Yongyong）著

Research on the Numerical Stability of Vapor-Liquid Multiphase Flow Algorithm in Lattice Boltzmann Method

清華大學出版社
北 京

内 容 简 介

本书是作者在其博士学位论文的基础上总结、改进、提炼而形成的学术著作，其主要研究格子玻尔兹曼汽液多相流算法上的数值稳定性问题。通过研究现存模型存在的发散现象，提出了两类限制器用来抑制数值不稳定性，并给出了一种新的相间黏性过渡方案；通过四阶展开辨识了高阶项对于汽液平衡态的影响，分析了其阶跃分布的特性，并给出抑制汽相密度波动的方案。在前述研究基础上，作者进一步独立提出了一种新的解耦且稳定化的格子玻尔兹曼算法，与现有算法相比明显提升了高参数下的数值稳定性，稳定复现了从低到高参数下的液滴碰撞等相关实验现象，同时也可用于高速气泡的相关应用。此算法框架作为一种界面解析的两相流直接数值模拟算法，可作为能源动力、航空航天、微尺度生物流体等领域的研究手段。

本书可供流体力学及多相流、能源化工、生物流体等领域的学者和科研人员参考。

图书在版编目(CIP)数据

格子玻尔兹曼汽液多相流算法数值稳定性研究/吴勇勇著. —北京：清华大学出版社，2022.10

(清华大学优秀博士学位论文丛书)

ISBN 978-7-302-61620-7

Ⅰ.①格… Ⅱ.①吴… Ⅲ.①波尔兹曼方程－应用－多相流－计算流体力学－数值计算－研究 Ⅳ.①O359

中国版本图书馆CIP数据核字(2022)第147912号

责任编辑：戚 亚
封面设计：傅瑞学
责任校对：赵丽敏
责任印制：丛怀宇

出版发行：清华大学出版社
网 址：http://www.tup.com.cn，http://www.wqbook.com
地 址：北京清华大学学研大厦A座 **邮 编：**100084
社 总 机：010-83470000 **邮 购：**010-62786544
投稿与读者服务：010-62776969，c-service@tup.tsinghua.edu.cn
质量反馈：010-62772015，zhiliang@tup.tsinghua.edu.cn
印 装 者：三河市东方印刷有限公司
经 销：全国新华书店
开 本：155mm×235mm **印 张：**11.25 **插 页：**2 **字 数：**192千字
版 次：2022年12月第1版 **印 次：**2022年12月第1次印刷
定 价：89.00元

产品编号：096629-01

一流博士生教育
体现一流大学人才培养的高度（代丛书序）[①]

人才培养是大学的根本任务。只有培养出一流人才的高校，才能够成为世界一流大学。本科教育是培养一流人才最重要的基础，是一流大学的底色，体现了学校的传统和特色。博士生教育是学历教育的最高层次，体现出一所大学人才培养的高度，代表着一个国家的人才培养水平。清华大学正在全面推进综合改革，深化教育教学改革，探索建立完善的博士生选拔培养机制，不断提升博士生培养质量。

学术精神的培养是博士生教育的根本

学术精神是大学精神的重要组成部分，是学者与学术群体在学术活动中坚守的价值准则。大学对学术精神的追求，反映了一所大学对学术的重视、对真理的热爱和对功利性目标的摒弃。博士生教育要培养有志于追求学术的人，其根本在于学术精神的培养。

无论古今中外，博士这一称号都和学问、学术紧密联系在一起，和知识探索密切相关。我国的博士一词起源于2000多年前的战国时期，是一种学官名。博士任职者负责保管文献档案、编撰著述，须知识渊博并负有传授学问的职责。东汉学者应劭在《汉官仪》中写道："博者，通博古今；士者，辩于然否。"后来，人们逐渐把精通某种职业的专门人才称为博士。博士作为一种学位，最早产生于12世纪，最初它是加入教师行会的一种资格证书。19世纪初，德国柏林大学成立，其哲学院取代了以往神学院在大学中的地位，在大学发展的历史上首次产生了由哲学院授予的哲学博士学位，并赋予了哲学博士深层次的教育内涵，即推崇学术自由、创造新知识。哲学博士的设立标志着现代博士生教育的开端，博士则被定义为独立从事学术研究、具备创造新知识能力的人，是学术精神的传承者和光大者。

---

① 本文首发于《光明日报》，2017年12月5日。

博士生学习期间是培养学术精神最重要的阶段。博士生需要接受严谨的学术训练，开展深入的学术研究，并通过发表学术论文、参与学术活动及博士论文答辩等环节，证明自身的学术能力。更重要的是，博士生要培养学术志趣，把对学术的热爱融入生命之中，把捍卫真理作为毕生的追求。博士生更要学会如何面对干扰和诱惑，远离功利，保持安静、从容的心态。学术精神，特别是其中所蕴含的科学理性精神、学术奉献精神，不仅对博士生未来的学术事业至关重要，对博士生一生的发展都大有裨益。

独创性和批判性思维是博士生最重要的素质

博士生需要具备很多素质，包括逻辑推理、言语表达、沟通协作等，但是最重要的素质是独创性和批判性思维。

学术重视传承，但更看重突破和创新。博士生作为学术事业的后备力量，要立志于追求独创性。独创意味着独立和创造，没有独立精神，往往很难产生创造性的成果。1929年6月3日，在清华大学国学院导师王国维逝世二周年之际，国学院师生为纪念这位杰出的学者，募款修造"海宁王静安先生纪念碑"，同为国学院导师的陈寅恪先生撰写了碑铭，其中写道："先生之著述，或有时而不章；先生之学说，或有时而可商；惟此独立之精神，自由之思想，历千万祀，与天壤而同久，共三光而永光。"这是对于一位学者的极高评价。中国著名的史学家、文学家司马迁所讲的"究天人之际，通古今之变，成一家之言"也是强调要在古今贯通中形成自己独立的见解，并努力达到新的高度。博士生应该以"独立之精神、自由之思想"来要求自己，不断创造新的学术成果。

诺贝尔物理学奖获得者杨振宁先生曾在20世纪80年代初对到访纽约州立大学石溪分校的90多名中国学生、学者提出："独创性是科学工作者最重要的素质。"杨先生主张做研究的人一定要有独创的精神、独到的见解和独立研究的能力。在科技如此发达的今天，学术上的独创性变得越来越难，也愈加珍贵和重要。博士生要树立敢为天下先的志向，在独创性上下功夫，勇于挑战最前沿的科学问题。

批判性思维是一种遵循逻辑规则、不断质疑和反省的思维方式，具有批判性思维的人勇于挑战自己，敢于挑战权威。批判性思维的缺乏往往被认为是中国学生特有的弱项，也是我们在博士生培养方面存在的一个普遍问题。2001年，美国卡内基基金会开展了一项"卡内基博士生教育创新计划"，针对博士生教育进行调研，并发布了研究报告。该报告指出：在美国和欧洲,培养学生保持批判而质疑的眼光看待自己、同行和导师的观点同样非常不容易,批判性思维的培养必须成为博士生培养项目的组成部分。

对于博士生而言,批判性思维的养成要从如何面对权威开始。为了鼓励学生质疑学术权威、挑战现有学术范式,培养学生的挑战精神和创新能力,清华大学在2013年发起"巅峰对话",由学生自主邀请各学科领域具有国际影响力的学术大师与清华学生同台对话。该活动迄今已经举办了21期,先后邀请17位诺贝尔奖、3位图灵奖、1位菲尔兹奖获得者参与对话。诺贝尔化学奖得主巴里·夏普莱斯(Barry Sharpless)在2013年11月来清华参加"巅峰对话"时,对于清华学生的质疑精神印象深刻。他在接受媒体采访时谈道:"清华的学生无所畏惧,请原谅我的措辞,但他们真的很有胆量。"这是我听到的对清华学生的最高评价,博士生就应该具备这样的勇气和能力。培养批判性思维更难的一层是要有勇气不断否定自己,有一种不断超越自己的精神。爱因斯坦说:"在真理的认识方面,任何以权威自居的人,必将在上帝的嬉笑中垮台。"这句名言应该成为每一位从事学术研究的博士生的箴言。

提高博士生培养质量有赖于构建全方位的博士生教育体系

一流的博士生教育要有一流的教育理念,需要构建全方位的教育体系,把教育理念落实到博士生培养的各个环节中。

在博士生选拔方面,不能简单按考分录取,而是要侧重评价学术志趣和创新潜力。知识结构固然重要,但学术志趣和创新潜力更关键,考分不能完全反映学生的学术潜质。清华大学在经过多年试点探索的基础上,于2016年开始全面实行博士生招生"申请-审核"制,从原来的按照考试分数招收博士生,转变为按科研创新能力、专业学术潜质招收,并给予院系、学科、导师更大的自主权。《清华大学"申请-审核"制实施办法》明晰了导师和院系在考核、遴选和推荐上的权力和职责,同时确定了规范的流程及监管要求。

在博士生指导教师资格确认方面,不能论资排辈,要更看重教师的学术活力及研究工作的前沿性。博士生教育质量的提升关键在于教师,要让更多、更优秀的教师参与到博士生教育中来。清华大学从2009年开始探索将博士生导师评定权下放到各学位评定分委员会,允许评聘一部分优秀副教授担任博士生导师。近年来,学校在推进教师人事制度改革过程中,明确教研系列助理教授可以独立指导博士生,让富有创造活力的青年教师指导优秀的青年学生,师生相互促进、共同成长。

在促进博士生交流方面，要努力突破学科领域的界限，注重搭建跨学科的平台。跨学科交流是激发博士生学术创造力的重要途径，博士生要努力提升在交叉学科领域开展科研工作的能力。清华大学于2014年创办了“微沙龙”平台，同学们可以通过微信平台随时发布学术话题，寻觅学术伙伴。3年来，博士生参与和发起“微沙龙”12 000多场，参与博士生达38 000多人次。“微沙龙”促进了不同学科学生之间的思想碰撞，激发了同学们的学术志趣。清华于2002年创办了博士生论坛，论坛由同学自己组织，师生共同参与。博士生论坛持续举办了500期，开展了18 000多场学术报告，切实起到了师生互动、教学相长、学科交融、促进交流的作用。学校积极资助博士生到世界一流大学开展交流与合作研究，超过60%的博士生有海外访学经历。清华于2011年设立了发展中国家博士生项目，鼓励学生到发展中国家亲身体验和调研，在全球化背景下研究发展中国家的各类问题。

在博士学位评定方面，权力要进一步下放，学术判断应该由各领域的学者来负责。院系二级学术单位应该在评定博士论文水平上拥有更多的权力，也应担负更多的责任。清华大学从2015年开始把学位论文的评审职责授权给各学位评定分委员会，学位论文质量和学位评审过程主要由各学位分委员会进行把关，校学位委员会负责学位管理整体工作，负责制度建设和争议事项处理。

全面提高人才培养能力是建设世界一流大学的核心。博士生培养质量的提升是大学办学质量提升的重要标志。我们要高度重视、充分发挥博士生教育的战略性、引领性作用，面向世界、勇于进取，树立自信、保持特色，不断推动一流大学的人才培养迈向新的高度。

邱勇

清华大学校长

2017年12月5日

丛书序二

以学术型人才培养为主的博士生教育，肩负着培养具有国际竞争力的高层次学术创新人才的重任，是国家发展战略的重要组成部分，是清华大学人才培养的重中之重。

作为首批设立研究生院的高校，清华大学自20世纪80年代初开始，立足国家和社会需要，结合校内实际情况，不断推动博士生教育改革。为了提供适宜博士生成长的学术环境，我校一方面不断地营造浓厚的学术氛围，一方面大力推动培养模式创新探索。我校从多年前就已开始运行一系列博士生培养专项基金和特色项目，激励博士生潜心学术、锐意创新，拓宽博士生的国际视野，倡导跨学科研究与交流，不断提升博士生培养质量。

博士生是最具创造力的学术研究新生力量，思维活跃，求真求实。他们在导师的指导下进入本领域研究前沿，吸取本领域最新的研究成果，拓宽人类的认知边界，不断取得创新性成果。这套优秀博士学位论文丛书，不仅是我校博士生研究工作前沿成果的体现，也是我校博士生学术精神传承和光大的体现。

这套丛书的每一篇论文均来自学校新近每年评选的校级优秀博士学位论文。为了鼓励创新，激励优秀的博士生脱颖而出，同时激励导师悉心指导，我校评选校级优秀博士学位论文已有20多年。评选出的优秀博士学位论文代表了我校各学科最优秀的博士学位论文的水平。为了传播优秀的博士学位论文成果，更好地推动学术交流与学科建设，促进博士生未来发展和成长，清华大学研究生院与清华大学出版社合作出版这些优秀的博士学位论文。

感谢清华大学出版社，悉心地为每位作者提供专业、细致的写作和出版指导，使这些博士论文以专著方式呈现在读者面前，促进了这些最新的优秀研究成果的快速广泛传播。相信本套丛书的出版可以为国内外各相关领域或交叉领域的在读研究生和科研人员提供有益的参考，为相关学科领域的发展和优秀科研成果的转化起到积极的推动作用。

感谢丛书作者的导师们。这些优秀的博士学位论文，从选题、研究到成文，离不开导师的精心指导。我校优秀的师生导学传统，成就了一项项优秀的研究成果，成就了一大批青年学者，也成就了清华的学术研究。感谢导师们为每篇论文精心撰写序言，帮助读者更好地理解论文。

感谢丛书的作者们。他们优秀的学术成果，连同鲜活的思想、创新的精神、严谨的学风，都为致力于学术研究的后来者树立了榜样。他们本着精益求精的精神，对论文进行了细致的修改完善，使之在具备科学性、前沿性的同时，更具系统性和可读性。

这套丛书涵盖清华众多学科，从论文的选题能够感受到作者们积极参与国家重大战略、社会发展问题、新兴产业创新等的研究热情，能够感受到作者们的国际视野和人文情怀。相信这些年轻作者们勇于承担学术创新重任的社会责任感能够感染和带动越来越多的博士生，将论文书写在祖国的大地上。

祝愿丛书的作者们、读者们和所有从事学术研究的同行们在未来的道路上坚持梦想，百折不挠！在服务国家、奉献社会和造福人类的事业中不断创新，做新时代的引领者。

相信每一位读者在阅读这一本本学术著作的时候，在吸取学术创新成果、享受学术之美的同时，能够将其中所蕴含的科学理性精神和学术奉献精神传播和发扬出去。

清华大学研究生院院长

2018年1月5日

导师序言

气/汽液两相流是广泛存在于能源动力、化工生产、航空航天等众多军民工业体系中的重要物理过程，对两相流作用机理的认识与控制是提升工业生产效率和保障安全的前提。由于汽液两相流复杂的相界面演化机制，导致其随物理参数不同而呈现多变的流型分布，因此对两相流相关的理论、实验、数值算法等方面的基础研究至今仍是科学界的前沿领域。

汽液两相流界面解析的直接数值模拟算法是用于研究汽液相界面聚并、分离、破碎等基础演化过程及其宏观组合表现的重要手段。而当前计算方法受限于数值稳定性和准确性方面的制约，尚难以对高密度比、高雷诺数、高韦伯数、高速下的复杂汽液相界面演化过程进行准确预测和研究，导致对高参数下两相作用机理、流型发展、宏观效率影响的认识存在不足。因此建立一种能稳定准确解析相界面演化的汽液两相流直接数值模拟算法，实现两相流从低到高参数范围的稳定模拟并准确预测汽液相界面演化，对于提升我们对两相流认识及其工业应用有重要意义。

格子玻尔兹曼方法(lattice Boltzmann method，LBM)是近年来迅速发展的一类流体计算方法，被广泛应用于多相流、多孔介质、化学表面沉积、燃料电池、微流体等前沿研究方向。但由于动力松弛过程限制导致的数值发散使得此方法长期受限于低参数下，因此增强算法在高参数下的数值稳定性也是目前格子玻尔兹曼方法研究中的重要前沿问题。

作者在书中围绕LBM汽液多相流计算数值稳定性方面独立开展了一系列有意义的研究工作，书中研究了目前LBM在多相流计算中产生数值不稳定的原因，提出了相应的稳定化方案，并完善了多相流模型的作用力格式及状态方程等。通过完整的数学推导，揭示了多松弛方法(multiple-relaxation-time，MRT)作用力格式的四阶项形式及各阶阶跃分布的特性，并依据数学公式提出两类抑制其高阶效应的方案，阻止了汽相密度异常偏离的非物理现象。

在前述研究基础上，作者进一步独立提出了一种解耦且稳定化的LBM

算法框架,将松弛因子与黏性解耦并实现稳定化,消除了传统 MRT 中存在于二阶展开上的速度三次方余项,使得此算法具备准确二阶数值精度、伽利略不变性和各向同性等性质,设计的松弛因子稳定化方案也使得此方法具备了强数值稳定性质。本书以此算法实际模拟了液滴对撞、液滴溅射、液滴碰壁与成核沸腾等实际多相流问题,并得到从低到高参数下的问题解。液滴对撞结果与实验进行了详细对比验证,研究了极高参数下相界面的演化机理,同时也证明了此算法在高参数两相流计算方面优良的数值稳定性和有效性。

作者在此书工作中做了充分的文献调研,数学推理严谨,验证详细,主线和文字逻辑表述清晰,所给出的各项结论及成果为 LBM 算法数值稳定性研究领域提供了有价值的学术拓展,所提出的解耦且稳定化 LBM 框架在汽液多相流前沿研究中具有很好的计算应用价值。

屠基元
清华大学核能与新能源技术研究院
2022 年 4 月 12 日

摘　要

20 世纪 80 年代以来，LBM 因其独特的动力学特性和粒子视角以及可恢复到二阶宏观流体方程的特点，在两相沸腾、多孔介质、软物质、液滴动力等众多前沿领域有大量的应用。然而受限于此方法的数值稳定性，在目前的研究文献中，LBM 所能模拟的速度、雷诺数、韦伯数、汽液密度比等参数处于中低水平，这极大地限制了 LBM 应用发展。本书通过研究 LBM 中多相流算法的数值不稳定性，提出稳定化方案，并发展出具备强数值稳定性的多相流算法框架以扩展其在两相流领域的研究范围，并获得更多关于两相流动及相变的前沿认识。

在 LBM 算法中，Shan-Chen (SC)多相流模型通过源项引入相间作用力的方式实现了自动相分离的汽液两相模拟。通过数值分析手段结合 LBM 内在公式发现，相界面附近不适当的作用力会造成与其方向直接相关的负值概率密度函数，进而在 LBM 中产生异常的速度，成为数值不稳定性的源头，在此本书提出了两类限制器去抑制这种发散。SC 模型的作用力格式在某些参数下使得相界面中出现非梯度方向的相间力，而本书重新推导并给出了一个正确的作用力格式；同时也讨论并验证了体积黏性与状态方程在数值稳定方面的作用。本书通过采用这些稳定化方案，与现有文献中实现的多相流案例对比，大幅提高了所能模拟的雷诺数。

在 SC 多相流模型中，部分研究是通过提出高阶修正力项去调节平衡态汽液密度比和表面张力，以实现高密度比下的多相流模拟，但这种方法在低温情况下会出现密度比随松弛因子变化的非物理现象，这也会影响数值稳定性。本书推导了修正作用力格式四阶项的形式，发现了影响密度比的原因，并提出两类方法抑制这种非物理效应；经确认其数值结果与理论相一致，成功抑制了这类非物理效应。

基于前述工作基础，通过严格的数学展开分析，本书提出了一套适用于高速、高密度比、高雷诺数、高韦伯数等高参数下的解耦且稳定化的 LBM 多相流算法框架，将黏性系数与松弛因子解耦，并将松弛因子用于阻止数值发散。书中通过各类标准案例证明了本算法具有二阶的空间精度、各向同性、作用力格式准确性、守恒性、无黏特性等，并消除了传统LBM中存在的二阶$O(\boldsymbol{u}^3)$的数值误差，具备高速下的伽利略不变性。本书以此算法研究了从低参数到高参数的液滴对心碰撞、液滴溅射、液滴碰壁、成核沸腾等案例，复现了实验中的液滴聚合、溅射、沉积、反弹、碰撞拉伸和中心破碎等机制；证明了其在极端参数下的良好数值稳定性及对复杂拓扑的描述能力，并借助显卡并行加速为大规模跨尺度模拟实际多相流过程提供了可行性。

关键词：格子玻尔兹曼；多相流；数值稳定性；液滴动力；气泡沸腾

Abstract

Lattice Boltzmann method (LBM) has been developed for decades since it was invented in the 1980s. Due to its kinetic nature and particle characteristic derived from the Boltzmann equation, LBM is extensively applied to a variety of problems of multiphase boiling, porous media flow, soft matter, and droplet dynamics. However, numerical stability still restricts its application in scientific research and engineering design with higher Reynolds and Weber numbers. This book presents a decoupled and stabilized MRT algorithm with strong numerical stability by studying the instability inside the current LBM multiphase method, which is conductive to expand the research scope and acquire the frontier knowledge of multiphase flow.

In the scope of LBM involved in vapor-liquid multiphase flow, Shan-Chen (SC) multiphase model introduces interphase interaction force by source term to achieve phase separation automatically. By the analysis of numerical method and intrinsic formulas in LBM, the numerical instability occurs when the improper interaction force within interphase gives rise to a negative probability-density distribution on the force direction. Then, the abnormal velocity is generated to spoil the numerical stability. Therefore, two kinds of limiter functions are provided to enhance stability. Sometimes, the force scheme of SC model will produce an interaction force toward the non-gradient direction. This book provides a new interaction force scheme to correct this deviation. It also discusses the effect on numerical stability given by bulk viscosity and equation of state. These stabilized strategies obviously enhance the Reynolds number that current LBM can simulate stably.

In the current SC model, researchers adjust the equilibrium vapor-liquid density and surface tension by additional force term with high-order effect. However, this method results in the deviation of vapor density with different relaxation time and spoil numerical stability. This book studies the fourth-order effect of additional term and finds the reason for deviated vapor density. Two methods are proposed to suppress this high-order non-physical effect.

Based on the aforementioned researches, by the strict mathematical derivation, a decoupled and stabilized LBM is developed for the multiphase flow at high density ratio with high Reynolds number and Weber number. By the verifications of standard cases, this decoupled LBM is proven its second-order spatial accuracy, isotropy, accuracy of force scheme, mass and momentum conservations, inviscid flow, and Galilean invariance. This decoupled MRT eliminates the $O(u^3)$ numerical error in second-order expansion. It has been applied successfully in high-parameters multiphase flow, such as droplet collision, droplet splashing, droplet impact on dry wall, and nucleate boiling, to validate the excellent numerical stability. Different collision regimes are found and researched in coalescence, splashing, deposition, rebound, prompt breakup etc. This decoupled LBM is also executed on graphics processing unit (GPU) to achieve fast-parallel simulation for large-scale multiphase problems.

Keywords: Lattice Boltzmann method; Multiphase flow; Numerical stability; Droplet dynamics; Boiling

符号和缩略语说明

变量符号：

a,b	状态方程参数
a_{m_1},b_{m_1}	解耦 MRT 中表示各线性碰撞模式的系数，式(5-28)
$\boldsymbol{B}$	解耦 MRT 分析中表示一阶展开方程的临时项，式(5-5)
$\boldsymbol{C}_x$	x 离散方向在矩空间的相似变换，式(2-14)
C	液滴溅射延展半径公式常数，与液层厚度有关
c	格子单位速度，一般取为 1
c_{s}	当地声速，一般为$\left(\frac{1}{3}\right)^{\frac{1}{2}}$
c_V	比定容热容
$\boldsymbol{D}$	方向梯度在矩空间的 9×9 相似矩阵，$\boldsymbol{D}=\boldsymbol{C}_x\partial_x+\boldsymbol{C}_y\partial_y$
D	液滴直径等
$\boldsymbol{E}$	NS 方程中的二阶张量，式(2-43)
E_u	速度的误差范数或相对误差
E_{m}	单节点动能
$\boldsymbol{e}_\alpha$	沿 α 方向离散速度的矢量，式(2-2)
$\boldsymbol{F}$	当地节点所受体积力矢量(一般指相间力)，$\boldsymbol{F}=(F_x,F_y)$
$\boldsymbol{F}_{\mathrm{m}}$	矩空间中的力项矢量(九个分量)，式(2-10)
$\boldsymbol{F}_{\mathrm{p}}$	四阶项分析临时力项矢量(九个分量)，$\boldsymbol{F}_{\mathrm{m}}=(\boldsymbol{I}-0.5\boldsymbol{S})\boldsymbol{F}_{\mathrm{p}}$
F_{m_1}	$\boldsymbol{F}_{\mathrm{m}}$ 的第一个分量，其他分量类似
F_x	体积力的 x 分量
f_α	沿 α 方向的概率密度分布函数
f_α^{eq}	沿 α 方向的平衡态概率密度分布函数
f_α^*	碰撞后的临时分布函数，沿 α 方向，$f_\alpha^*(\boldsymbol{x},t)=\boldsymbol{M}^{-1}\boldsymbol{m}^*$
$\tilde{f}$	解耦 MRT 中表示失效的负分布函数值
F'_α	力项在速度空间的表达式，沿 α 方向的分量

G	原始伪势模型表示作用力强度,现在会被消去,设为−1
G'	重力加速度
G_{w}	壁面黏附作用力强度,式(5-43)
$\boldsymbol{g}$	重力加速度矢量,5.4.4.1节
$h(\boldsymbol{x})$	符号函数,式(3-4)
h_0	液滴撞击的薄液层厚度
$\boldsymbol{I}$	9×9单位矩阵
k	验证数值精度时的直线斜率,代表空间离散精度
k_1,k_2	额外项$\boldsymbol{Q}_{\mathrm{p}}$调节系数,式(2-41)
k_x,k_y	波数,式(5-33)
L	特征长度
$\boldsymbol{M}$	多松弛方法使用的正交转换矩阵,式(2-3)
$\boldsymbol{M}^{-1}$	多松弛方法使用的逆转换矩阵,式(2-4)
Ma	马赫数
$\boldsymbol{m}$	分布函数在矩空间的投影向量,$m_i=M_{i\alpha}f_\alpha$
m_0	$\boldsymbol{m}$的第一个分量,下标由0开始编号
$\boldsymbol{m}^*$	碰撞后的临时矩向量,式(2-7)
$\boldsymbol{m}^{\mathrm{eq}}$	平衡态分布函数在矩空间的投影向量,$m_i^{\mathrm{eq}}=M_{i\alpha}f_\alpha^{\mathrm{eq}}$
N_x,N_y	x和y方向的计算域节点数
O	表示同阶误差
p	格子局部压力
p_{EOS}	状态方程热力学压强
p_{c}	临界压力
$\boldsymbol{Q}$	用于引入黏性的额外项矢量
$\boldsymbol{Q}_{\mathrm{p}}$	用于调节汽液密度分布及表面张力的额外项矢量,式(2-40)
R	热力学常数
r	液滴溅射延展半径
r_0	液滴半径、液相区半宽等
$\boldsymbol{S}$	多松弛因子对角矩阵,式(2-5)
s_ρ等	对应不同模式的松弛因子,以下标区分不同模式的分量
T	温度
T_{c}	临界温度
t	时间

t^*	无量纲时间
t_D	特征时间
U	液滴初始速度
$\boldsymbol{u}$	宏观速度矢量,$\boldsymbol{u}=(u_x,u_y)$
$\boldsymbol{u}_e$	速度解析解矢量,$\boldsymbol{u}_e=(u_{e,x},u_{e,y})$
$\lvert\boldsymbol{u}\rvert_{max}$	最大速度幅度
$\boldsymbol{u}_n$	速度数值解矢量,$\boldsymbol{u}_n=(u_{n,x},u_{n,y})$
u_x	宏观速度的 x 分量
u_0	初始速度幅度
W	初始界面宽度
w	表示伪势作用不同方向权重,式(2-33)
$\boldsymbol{x}$	二维空间坐标(x,y)

希腊字母符号:

α	热扩散系数,式(5-44)
β	调节松弛因子的自由系数,式(5-25)
∇	二维微分算子,$\nabla=(\partial_x,\partial_y)^T$
δ_t	时间步长,本书中设为 1
δ_x	空间步长,本书中设为 1
ε	查普曼-恩斯库格展开的尺度参数
ϵ	伪势力学平衡条件的调节汽液密度分布参数,式(2-44)
θ	方位角、接触角等
λ	体积动力黏性与剪切动力黏性差值,式(5-19)
λ_1	伪势力学平衡条件分析中的常数,式(2-46)
λ_c	热导率,式(5-44)
μ	动力黏性系数,式(3-10)
μ_b	体积动力黏性系数,式(3-10)
ν	运动黏性系数,式(2-6)
ξ	玻尔兹曼方程中连续速度
ζ	体积黏性系数,式(2-6)
ρ	宏观统计密度
$\boldsymbol{\sigma}$	高阶分析中的对角矩阵,式(4-17),仅在第 4 章使用
σ	表面张力
σ_b	限制器中小量常数,式(3-8)

σ_ρ 等	$\boldsymbol{\sigma}$ 的对角分量，下标与 s_ρ 等松弛因子相同，式(4-17)
ϕ	伪势平方临时量，式(3-3)
ψ'	粒子间伪势随空间的导数，式(2-44)
ψ	粒子间伪势，式(2-35)
ω	PR 状态方程偏心系数

上标与下标：

1	下标，表示查普曼-恩斯库格展开的一阶空间展开项
*	上标，表示临时碰撞后临时变量
(n)	上标，表示查普曼-恩斯库格展开的 n 阶项，$n=1,2,3,4$
α,β	表示 D2Q9 网格的 0，1，…，8 等九个方向
b	下标，表示体积黏性性质，bulk
c	下标，表示临界性质
e	下标，表示矩空间能量模式分量，第二个分量
eq	上标，表示平衡态性质
g	下标，表示汽相性质
i,k	下标，表示张量运算分量符号，i 也表示撞击速度下标
j	下标，表示矩空间速度模式分量，第四、六个分量
l	下标，表示液相性质
m	下标，表示矩空间力项
ρ	下标，表示矩空间速度模式分量，第一个分量
p	下标，表示用于调节汽液分布和表面张力的额外项 $\mathbf{Q}_\mathrm{p}$
p	下标，仅在 2.4 节中用于表示真实物理单位性质
q	下标，表示矩空间能量通量模式分量，第五、七个分量
r	下标，表示相对量，相对速度等
T	上标，表示转置
t	下标，表示对时间偏微分
t_0,t_1,t_2	下标，表示时间展开的不同阶时间尺度
ν	下标，表示剪切黏性分量
w	下标，表示壁面量
x	下标，表示 x 分量
x_1	下标，表示查普曼-恩斯库格展开的一阶空间项 x 分量
y	下标，表示 y 分量
y_1	下标，表示查普曼-恩斯库格展开的一阶空间项 y 分量

ζ	下标,表示矩空间能量平方模式分量,第三个分量

缩略语:

CFL	柯朗-弗里德里希斯-列维条件(Courant-Friedrichs-Lewy condition)
CHF	临界热流密度点(critical heat flux)
CIP	受限插值剖面法(constrained interpolation profile)
CS	Carnahan-Starling 状态方程
D2Q9	二维九个方向的格子模板
DR	汽液密度比(density ratio)
EDM	准确差分模型(exact difference method)
GPU	图形处理器(graphics processing unit)
LGA	格子气自动机(lattice gas automata)
LBGK	单松弛的 LBM(lattice Bhatnagar-Gross-Krook)
LBM	格子玻尔兹曼方法(lattice Boltzmann method)
MAC	标记元法(marker-and-cell)
MHF	最小热流密度点(minimum heat flux)
MLUPS	每秒更新百万网格数(million lattices update per second)
MRT	多松弛方法(multiple-relaxation-time)
NS	纳维-斯托克斯方程(Navier-Stokes equation)
Oh	奥内佐格数(Ohnesorge number)
ONB	成核沸腾起始点(onset of nucleate boiling)
PR	彭-罗宾森方程(Peng-Robinson equation)
Re	雷诺数(Reynolds number)
SC	Shen-Chen 伪势多相流模型
SPH	光滑粒子法(smoothed-particle hydrodynamics)
TRT	双松弛方法(two-relaxation-time)
VOF	流体体积函数法(volume of fluid)
We	韦伯数(Weber number)

目 录

CONTENTS

第1章　引　　言

1.1　课题背景及意义

汽液多相流广泛存在于工业生产过程中，由于其中存在复杂的气泡和液滴自身作用，且与主流体之间的相互作用受到速度、黏性、表面张力、温度及壁面条件等影响，呈现出复杂的组合运动，进而影响到工业过程中的传热蒸发效率、燃烧效率、化学反应效率等，因而汽液多相流在核能、化工、电热、航空发动机等领域一直是研究的重点。因为在本书研究中使用的多相流模型是单组分可相变的汽液两相模型，故使用“汽液”(vapor-liquid)而非“气液”(gas-liquid)。

在与现今的风能、光伏、光热、氢能等新能源竞争中，核电以其发电功率大且输电品质稳定的优势而被作为基荷能源。然而在2011年福岛事故后，大功率核电站却面临着民众对核安全和辐射方面的质疑，安全性因此成了核电堆型发展的头号问题。核电技术中存在众多的安全相关设备，而其中最重要的流体工业过程大多涉及了汽液多相流，例如堆芯临界沸腾、螺旋蒸汽换热管内流动换热相变、蒸汽回路中对乏汽的汽水分离、安全壳的喷淋冷却等都涉及汽液多相流的流动与相变，因而多相流也一直是核能领域研究的重点。其中以相变为载热基础的直管沸腾传热由于具备良好的传热特性，被广泛用在各类堆型的设计中，如先进重水堆[1]、沸水堆、供热堆[2-3]、微沸腾堆[4]、紧凑小型热管堆[5]等。这些堆芯中传热方式部分都利用了汽液两相流的被动自然循环特性，具有结构简单可靠，安全性高的特点；汽液两相的流动与相变是其传热流动设计中的重点，此外堆芯沸腾也是安全事故分析设计中需要关注的重要问题。

在核能之外，汽液两相流也存在于其他重要的工业过程中，如发动机的喷雾燃烧、喷淋灭火、海水淡化、化工鼓泡床、喷墨打印、燃料电池制造等，以上这些重要的工业过程中最基础的运动就是介观尺度的气泡或液滴的运动、生成、破碎、聚合等。由这些介观的基本运动组合进而在宏观产生可观测的影响，如压力波动、各种多相流型、燃烧蒸发效率变化、分离效率变化、沉积效率变化、沸腾中的临界热流密度变化等，因此多相流算法对这些现象的复现准确性取决于算法对这些介观基本运动的描述能力(包括大参数范围的数值稳定性、精度等)，能在高雷诺数(Reynolds number，*Re*)、高韦伯数(Weber number，*We*)、高汽液密度比(density ratio，DR)下复现这些基本的介观运动就能够探寻其组合而成的复杂宏观现象。近年来随着计算能力和算法效率的提升，研究逐渐转向对这些问题的直接数值模拟来探寻介观机理造成的宏观可观测效应规律，例如近年来采用格子玻尔兹曼方法(lattice Boltzmann method，LBM)等多相流的直接数值模拟工具研究壁面空隙及亲水性对沸腾临界热流密度的影响，实现了成核沸腾、转捩沸腾、膜态沸腾演化过程，并甄别了临界热流密度规律[6-8]。对这些多相流的介观机理研究有助于在宏观上提升工业过程的效能，也催生出了目前众多基于介观、微观尺度的相关多相流前沿研究，包括理论、实验、计算三方面，而这三方面又是相辅相成的。

理论的研究主要通过对微液滴、微气泡的流动和变形进行直接物理建模，并结合实验直接观察到的现象进行分析。例如在直管中的汽液两相运动，Baker[9]、Mandhane 等[10]、Weisman 等[11]通过实验建立了直管内的汽液流动流型图。Taitel 与 Dukler[12]，Spedding 等[13]则依据实验数据提出了对多相流型的理论判据。随着实验技术手段的发展，Hassan[14]采用激光可视化流场手段测量了方形直管内沸腾气泡的流场与形态，并用于与计算结果的对比校正。在液滴碰撞演化方面，众多学者通过高速摄像手段[15-20]研究了液滴在不同参数下对撞及碰壁等演化形态，获得了对液滴动力学的基本认识。

而在汽液多相流计算领域，采用数值方法来研究多相流能够获得更多的信息以验证提出的流动理论，并可以通过计算上的优化直接指导工程上多相流过程效率的提升。目前汽液多相流的计算方法[21-22]主要分为两大类：第一类为高相分数模型方法，也称“近似方法”(approximation method)，其一般采用分相模型的两个方程来分别描述连续相流体和离散相粒子或流体，连续相一般占据主体地位；而第二类方法则被称为“直接数值模拟”(direct numerical simulation)，其采用单流体方程结合表面张力等性质描述具体的界面演化信息，也称“界面类方法”。

以计算能力及侧重点来看，高相分数模型主要广泛应用于面向工程的模拟研究，其计算量相对较小，通常能取得与实验相符的结果，但需要针对汽相和液相之间耦合的作用力、速度相互作用关系、离散相的分离依据等方面，在不同的黏性、表面张力、速度下区分出不同的流型，进而使用对应的理论或经验公式来模化并封闭方程关系及相间作用力，常见的有双欧拉模型(Eulerian-Eulerian approach)[23]，离散粒子模型(discrete particle method)[24-25]，群体平衡模型(population balance method)[26]。高相分数模型并不具备直接获取相界面演化过程的能力，通常只能得到一些经过平均后的物理量，例如局部含汽率等，其准确性通常取决于对具体流型模化的精细程度。

而直接数值模拟方法追求直接描述两相界面的作用变化，进而直接在模拟中复现液滴或气泡的界面直接演化过程以提供更多的信息，有助于理解多相流作用的机理，在相关的科学技术前沿研究中有着较多的应用。这类方法目前虽然能够直接研究液滴或气泡在不同参数下的界面演化规律，例如相变、液滴聚合、液滴碰撞反弹拉伸、液滴溅射、气泡生成、气泡聚并破碎、气泡或液滴在不同表面上的运动行为等，但通常要求用较小的网格尺度去描述界面变化，并采用高阶精度的离散格式，计算量大；而且在某些高参数下的复杂界面演化中常出现数值发散和相界面追踪或捕捉错误问题。目前用于直接数值模拟的界面类多相流计算方法如图1.1所示[27]，其中包括格子玻尔兹曼方法(LBM)[28-33]、光滑粒子法(smoothed-particle hydrodynamics，SPH)[34-35]、标记元法(marker-and-cell，MAC)[36-37]、欧拉-拉格朗日耦合

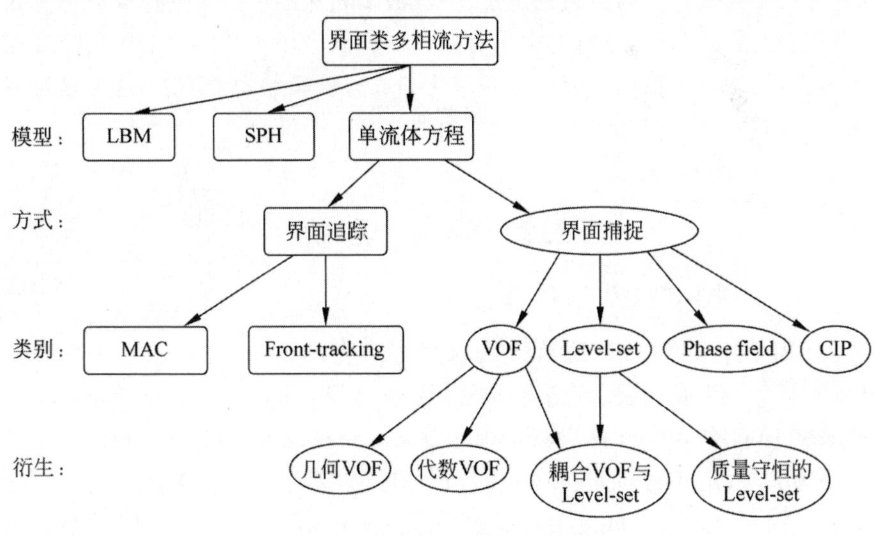

图1.1 界面类多相流方法分类

的前追踪法(Front-tracking)[38]、流体体积函数法(volume of fluid,VOF)[39]、水平集法(Level-set)[40]、相场方法(Phase field)[41]、受限插值剖面法(constrained interpolation profile,CIP)[42]等,而VOF方法根据指标函数计算方法不同又分为几何VOF和代数VOF,Level-set方法由于存在界面质量不守恒问题,近来又发展出各种守恒的Level-set[43-44],而两者的结合又产生了耦合VOF与Level-set方法[45]。

上述各类界面多相流计算方法各有其优缺点,但由于数值稳定性及模型限制,从目前已有的文献结果来看各类界面类方法都尚未实现在极高雷诺数、高韦伯数、高汽液密度比下的汽液多相流复杂界面演化过程计算,如液滴碰撞后的完全破碎,这点将在后面的研究现状一节中进一步论述。

本书主要基于LBM的方法,研究目前LBM中汽液多相流在极端参数下计算的数值稳定性。在现有的各类LBM当中,当涉及高参数下的演化时,都会发生数值不稳定及界面解析错误,而往往高参数下产生的复杂相界面演化过程又是工业生产过程中常见的场景。若能通过数值方法探究多相流流动在各种参数下的物理机理,就可以实现对具体工业过程设计的优化提升,例如提升堆芯流动沸腾的临界热流系数、提升汽水分离的效率、提高喷雾液滴的蒸发效率等。本书将通过对LBM数值稳定性的研究,探寻其在多相流中数值不稳定性的具体成因,进而提出相应的解决方案及新的算法框架,提升其计算的数值稳定性,为汽液多相流的前沿研究提供一种有效且稳定的研究工具。同时书中也将把新的算法应用于高参数下的汽液多相流模拟,加深对于液滴碰撞后形态演化与成核沸腾的物理理解,这也是对本书提出的算法进行数值稳定性及可用性的直接验证。

1.2 研究现状

1.2.1 LBM的发展及现况

LBM自发展以来,主流方法从格子气自动机(lattice gas automata,LGA)[30-31]到单松弛的格子玻尔兹曼方程(lattice Bhatnagar-Gross-Krook,LBGK)[29,32],再到双松弛方法(two-relaxation-time,TRT)[46-47],多松弛方法(multiple-relaxation-time,MRT)[48-50]。此外还有其他的熵格子玻尔兹曼方法(entropic lattice Boltzmann method)[51-52],级联格子玻尔兹曼方法(cascaded or cumulant lattice Boltzmann method)或中心矩方法

(central-moment-based lattice Boltzmann method)[53-57],格子玻尔兹曼通量求解器(lattice Boltzmann flux solver)[58-59]等;还有基于有限差分、有限体积的LBM与基于动理学的LBM等。各类方法的提出基本都是为了解决原来基于单松弛的LBM在高雷诺数(Reynolds number,Re)、高汽液密度比(density ratio,DR)、高韦伯数(Weber number,We)下计算的数值不稳定和精度问题,数值稳定性问题也是LBM发展至今仍然重点关注的问题[33]。其后的各种方法相比于单松弛方法在稳定性或精度上都有一定程度的提高,但代价是模型与计算步骤的复杂性有不同程度的增加,编程难度和计算耗时也有相应的增加。

在应用上,由于LBM的概念及编程简单易于并行,且在动态接触角、相变沸腾、多孔复杂表面计算等方面具有独特优势,受到众多研究者的青睐,使其在许多前沿的问题上得以应用。例如在模拟池式沸腾机理[6-7,60-64]、流动沸腾[65]、液滴动力[51,54,59,66-67]、多孔介质[15]、燃料电池[68]等领域都取得了关于多相流研究的前沿认识。而在其中,决定LBM模拟是否能接近真实流体模拟的因素主要是其在高汽液密度比、高雷诺数、高韦伯数、复杂边界时的模拟数值稳定性能。

传统的单松弛LBGK方法由于采用统一的松弛因子去应对不同的碰撞模式,其内部在面对高雷诺数案例时存在天然的不稳定性,例如在采用256×256的网格模拟单相的方腔顶盖驱动流时,单松弛方法仅模拟到了$Re=5000$时的情况[69]。以LBGK方法为例介绍LBM存在的数值稳定性问题,其数值发散主要是因为分布函数的截断误差和极端参数下的病态问题演化,造成分布函数、密度、速度误差的异常增大。在LBGK方法中,剪切黏性与松弛时间相关联,黏性$\nu=c_s^2(\tau-1/2)\delta_t$,其中$\tau$为松弛时间,$c_s$为声速,$\delta_t$为时间步长。为提高模拟的雷诺数通常采用增加网格数、提高速度、减少黏性的方法。增加网格数通常受限于计算机的计算速度和容量,而提高速度则会因为LBGK在推导中存在低速的假设限制而不可行,且较高的速度也会导致模拟出现异常值而直接发散,可行的办法是在一定程度上降低黏性,但也存在范围限制。文献[33]指出,对于$\tau\geqslant 0.55$时,最大速度通常不应该大于0.4;对于$0.5<\tau\leqslant 0.55$,最大速度和松弛时间应该有限制关系以保证数值稳定性:$\tau>0.5+\alpha U_{\max}$,其中α为一个常数,约为1/8。LBGK方法由于数值稳定性问题,在近来的研究中使用的越来越少。

Ginzburg等[47]和Kuzmin等[46]在对双松弛LBM的单相流分析中,证明了非负的平衡态概率密度分布函数是LBM模拟稳定的充分条件,这对速度提出了一个限制条件。但在真实的模拟中发现，这个限制过于严格，未能有效提升 LBM 在具体应用中提升模拟高雷诺数时的数值稳定性。Xiong[70]也发现了 LBM 在正的概率密度分布函数下，由于低黏性模式导致的与平衡态偏离过大，进而产生数值不稳定性的问题，并对单松弛时间取值范围提出了限制。这些分析都增加了对 LBM 中内在数值不稳定性的认知，但却并未提出具体有效的手段来提升 LBM 在高雷诺数、高韦伯数、高汽液密度比下的数值稳定性。

而之后随着 MRT 的发展，通过将各个松弛模式单独拆分，用不同的松弛因子控制不同模式的松弛过程，使其数值稳定性得到了较大的提高。例如对于三维 Povitsky 方腔驱动问题[71]，D'Humières[48]使用 LBGK 模拟的雷诺数仅为 500，而使用 MRT 则可以模拟到 $Re=4000$ 的水平。Premnath 等[72]进一步证明了 MRT 在三维多相流中稳定性的明显提升，在液滴振荡过程中，LBGK 仅可以在剪切黏性为 1.6667×10^{-2} 时稳定模拟，而 MRT 可以在黏性为 3.333×10^{-3} 时稳定模拟。后续的发展中，通过对 LBM 中多相流模型本身的改进，又使得其可以稳定模拟的参数进一步提高，Li 等[73]在液滴溅射案例中，使用 MRT 成功实现了 $Re=1500$ 的液滴溅射案例。Fakhari 等[74]在液滴溅射案例中，通过加权 MRT 实现了 DR=500，$Re=1000$，$We=8000$ 的稳定模拟。但是由于继承了部分 LBGK 的概念，MRT 和 LBGK 中都在二阶展开引入黏性时额外引入了 $O(u^3)$的数值误差余项[69,75-77]，这使得 MRT 本身并不具备高速下的伽利略不变性(Galilean invariance)，其数值误差黏性随着速度提高而愈发明显，因而一般仍需要在低速下使用，这也是其限制之一。

在 MRT 算法框架之外，Karlin 等[51-52,78-79]提出了一种基于熵函数和 H 定理的熵 LBM 计算方法，重建了基于离散格子粒子运动的热力学第二定律。Brownlee 等[80-81]从分子自由程概念入手研究数值不稳定性，在熵 LBM 方法中临时加入一些熵限制条件：当符合 H 定理的非零解不存在时，人为将分布函数直接取为平衡态值；或者当非零解不存在时，尽量取其熵增参数 α 使得所有碰撞后分布函数大于零。目前，基于熵 LBM 的方法在液滴对心碰撞中实现了 DR=50，$Re=1000$，$We=40$ 的稳定模拟；在液滴偏心碰撞中实现了 DR=250，$Re=1200$，$We=500$ 的稳定模拟[79]。相比于采用相同多相流模型的 LBGK 方法来说，熵 LBM 方法在模拟多相流的数值稳定性上也取得了较大的提高。

而由 Geier 等[55]提出的中心矩或级联 LBM 在经过十几年发展后，在数值稳定性上也取得了很大的提升。Lycett-Brown 等[54]在液滴对心碰撞案例中实现了 DR=1000,*Re*=6210,*We*=440 的稳定模拟；Geier 等[57]在单相绕球流动中实现了 *Re*=100000 的低黏性模拟；Sitompul 等[56]在两相液滴溅射案例中实现了 DR=1000,*Re*=2000,*We*=800 的稳定模拟；Fei 等[82]在液滴碰壁案例中实现了 DR=940,*Re*=2500,*We*=410 的稳定模拟。可见,级联 LBM 在单相和两相的模拟中相比于 LBGK,在数值稳定性上已经有了很大的提高。

目前常见的还有 LBM 通量求解器算法,这类算法采用有限体积法求解 LBM 方程,仅在界面上通过概率密度分布函数的张量重构界面物理量。Wang 等[58]通过这个方法在液滴溅射案例中实现了 DR=1000,*Re*=3000,*We*=675 的稳定模拟；Chen 等[83]使用简化的算法模拟了液滴溅射(DR=1000,*Re*=8000,*We*=8000),但在模拟中并未出现如其他文献所示的末端次级液滴溅射情况。

可以看到,经过众多学者的探索和努力,目前各类 LBM 变体相较于原始的 LBGK 在数值稳定性上已经有了很大提高,能够研究的多相流案例也比之前更深入,但目前再继续往上的参数模拟仍然会遇到数值发散的问题,这仍然会限制 LBM 作为一种计算研究工具的应用范围。从目前已有的文献来看,LBM 仍未能实现对液滴碰撞后快速拉伸液膜的完全破碎过程这样高雷诺数、高韦伯数的情况进行模拟。相比于其他界面类的多相流方法来说,其在极端参数下的多相流数值稳定性也仍然有待提高。提升 LBM 作为一种特殊多相流方法在学术研究中的竞争力,也有利于学界对于复杂多相流物理过程进行更深入的探索,为工业设计提供新的思路。

1.2.2 LBM 中的多相流模型

1.2.1 节介绍的是 LBM 算法本身的发展,其适用于单相流。若要在 LBM 中实现多相流过程,还需要额外引入各种多相流模型以实现各相之间的分离。在引入多相流模型后,LBM 中的数值不稳定性不仅来源于其算法本身,还有多相流模型中不同的相间作用模式带来的数值发散问题,大多时候数值发散源于界面附近的低密度相流体节点,这使得稳定性问题更加复杂。

LBM 发展至今,出现了各种与之耦合的多相流模型,包括颜色势模型(color-gradient model)[84],自由能模型(free-energy model)[85],伪势模型(pseudopotential model)也称“Shan-Chen 模型”(SC model)[86-87],相场模

型(phase field model)[58,88]等。在 LBM 发展之初,实现界面分离的多相流模型主要是从类比粒子运动视角出发得出的,而在随后的发展中研究人员才不断认识到模型实际恢复的宏观微分项及其具体的物理意义。各类方法也都各自附带着缺陷,并在之后的研究中得以不断完善,进而提高了各自在高汽液密度比、高雷诺数、高韦伯数下的性能。而在实际验证这些多相流模型的数值稳定性时,通常会通过一些基础的数值案例,如液滴的对撞、溅射、碰壁,气泡上升、融合破碎等验证其在更高的汽液密度比、雷诺数、韦伯数下的数值稳定性。

颜色势模型通过标注不同相态的流体以不同的颜色,不同流体之间通过颜色梯度来引入相间作用力并调整粒子的运动趋势以实现流体之间的分离和混合,其可以模拟互不掺混的两相流体,如空气和水。近年来 Huang 等[89]用颜色势模型实现了 DR=1000 与 DR=10000 的静态液滴案例,但在动态的两相分层槽道中仅实现了 DR=8 的动态流动。Ba 等[90]用颜色势模型和 MRT 算法模拟了 $Re=2048$ 的瑞利-泰勒两相界面不稳定性案例,即重流体在轻流体之上由重力作用形成的界面演化过程;其同时模拟了 DR=100,$Re=500$,$We=160$ 的液滴溅射过程。Liu 等[91]用颜色势模型模拟了极低雷诺数下液滴在剪切流中的变形破碎,最大雷诺数约为 10。由于颜色势模型建模思想与热力学不相关,一般与状态方程、温度等无法关联,因而基本不用于模拟涉及相变的多相流。相比于初始的颜色势模型,改进后模型的数值稳定性及可模拟的参数有所提高,但仍处于较低的水平。

自由能模型是由 Swift 等[85]基于自由能理论构造而成的与热力学理论一致的多相和多组分模型,其通常具备与热力学一致的状态方程和平衡态汽液密度分布,并能合理恢复表面张力和热力学压强等。但在引入 LBM 的过程中,由于从分布函数二阶矩压力项上直接引入包含表面张力的热力学压力张量,导致出现了较强的与密度梯度有关的数值误差项,这些项不满足伽利略不变性,且在密度梯度较大的相界面附近这种误差变得尤为明显[76]。之后也有一些针对数值误差进行的应力张量校正[92],以及通过直接高阶精度数值格式引入包含表面张力项的压力张量,但也破坏了 LBM 计算的局部性,极大地增加了计算量[33]。Inamuro 等[92]使用修正的自由能模型实现了具备伽利略不变性的动态液滴移动案例(DR=2.2,剪切黏性为 0.1667,移动速度为 0.1)。Moqaddam 等[78]使用熵 LBM 及自由能模型实现了较高参数的液滴对撞模拟(DR=110,$Re=480$,$We=115$)。

将基于纳维-斯托克斯方程(Navier-Stokes equation,NS)发展起来的相场多相流模型引入 LBM 计算的研究也取得了较大的进展，目前其与 SC 伪势模型是 LBM 领域中计算涉及高汽液密度比、高雷诺数、高韦伯数的多相流案例的主要模型。例如 1.2.1 节提到的采用通量求解器 LBM 加相场模型在高参数下计算液滴溅射的工作[58-59,83]，采用加权 MRT 加相场模拟高参数下的液滴溅射及破碎等[74]。

而本书采用的多相流模型为 SC 伪势模型，因此将重点介绍伪势模型的发展及现状。SC 模型最初是以伪势的梯度产生相间作用力，类比分子间长程吸引、短程排斥的形式引入相间作用力以实现自动的相界面分离，且具有独特的自动实现动态接触角的特性。其由于设计概念明晰，易于执行，在目前 LBM 的多相流研究中得到广泛应用[61]，且 Sbragaglia 等[93-94]通过数学展开证明 SC 伪势模型实际上恢复了与自由能模型类似的具有热力学意义的压强、化学势、表面张力等物理量。SC 模型最初可模拟密度比仅在 10 左右，雷诺数也处于中低水平，且无法分别调节汽液密度比与表面张力。在 SC 伪势模型朝着稳定模拟高参数的发展过程中，研究人员主要集中于研究状态方程的影响、伪势力的表达形式、LBM 本身不同作用力格式的影响、相间作用力在 LBM 高阶余项上的具体表现形式对表面张力和平衡力条件的影响等。对于 SC 模型的研究进展介绍分为以下四个方面：

(1) 在包含状态方程方面，与自由能、相场模型一样，后续改进的 SC 模型也能较为方便地将状态方程纳入模拟中[95-96]。Yuan 和 Schaefer[95]首先发现了伪势力的计算方式等同于中心差分格式，能够恢复伪势平方的梯度项；并通过改进伪势以直接纳入不同的状态方程，选择不同的状态方程能提高可模拟的汽液密度比。随后一些研究者指出，这种包含任意状态方程的形式会带来较大的相间伪速度，不能满足平衡态下麦克斯韦构造要求的热力学一致性，且存在低温下的数值不稳定性[97-98]。Wagner 和 Pooley[99]发现在计算伪势时，在热力学压力前乘以一个系数能极大提升可稳定模拟的汽液密度比（但会增加相界面厚度），相似的方法也被 Kupershtokh[97]和 Hu[100]等提出。之后，Li 等[73]指出相界面厚度近似与 $1/a^{1/2}$ 成正比，a 是状态方程中的控制参数，更小的 a 可以使得大密度比模拟更稳定，但也会增大相界面厚度。而 Liu 和 Cheng[101]进一步分析指出，这两种调节状态方程参数的方法在数学上是等价的，这类方法虽然能带来模拟密度比上的提升，但实质上在伪势模型中会改变具体的平衡态汽液密度分布、表面张力、相界面厚度[61,102]。

(2) 在伪势力形式的具体改进方面，Sbragaglia 和 Falcucci 等[103-104]发

现采用宽程伪势作用力能有效降低相间伪速度幅度，使得模拟更稳定。Gong 等[98]也提出一种新的伪势力形式以实现更大密度比下的液滴动态模拟。Kupershtokh 等[97]也提出一种混合伪势作用力格式获得了更大的汽液密度比。

(3) 在 LBM 的具体作用力格式方面，Kupershtokh 等[105]提出了一种称为“准确差分模型”(exact difference method，EDM)的作用力格式将伪势力囊括进 LBM 中，可模拟的密度比相比于原始的 SC 作用力格式(也称“速度滑移作用力格式”)提高了很多。而 Guo 等[106-107]和 McCracken 等[77]提出了基于 LBGK 和 MRT 的二阶准确作用力格式去包含伪势相间作用力。Huang[108]和 Gong[98]等研究指出，速度滑移作用力格式会有明显的汽液分布随松弛因子变化的情况出现；EDM 作用力格式在低温大汽液密度比的情况下也会出现汽相密度随松弛因子变化的非物理现象；而 Guo 等提出的准确作用力格式不会出现汽相密度随松弛因子变化，但采用准确作用力格式在实际模拟中仅能实现温度为 $0.78T_c$(T_c 为状态方程临界温度)左右的稳定模拟，此时实现的密度比受限，不如 EDM 在低温下稳定。

(4) 在力项高阶效应分析方面，之前的作用力格式分析都仅注意到了二阶展开上的力项作用，Li 等[73,109]通过伪势力项的展开分析指出，在伪势力的高阶力项平衡条件[102]中参数 ϵ 会影响在实际 LBM 中的汽液密度分布，之前的各种作用力格式与伪势力形式其实都是不同程度的在高阶项上调整了参数 ϵ 以实现高密度比下的稳定，他们提出了一种准确调节参数 ϵ 的额外项的方式。Hu 等[97]和 Lycett-Brown 等[110]随后也对此进行了三阶项上的分析，Huang 和 Wu 等[75]也从 MRT 的作用力格式出发，发现了准确作用力格式本身在三阶项上的影响，并通过研究提出了相应的额外项在高阶展开式上实现对力学平衡条件以及表面张力分别调节，这些努力将伪势模型可模拟的参数提升到了 DR≈1000，$Re\approx1500$，$We\approx103$。之后配合级联 MRT 等算法上的提升，又在液滴对撞中实现了 DR≈1000，$Re\approx6210$，$We\approx440$[54]，这一结果已经比较接近其他如 Front-tracking、Level-set 等方法最新的参数水平，也达到了实际实验所用的参数范围，数值稳定性有了明显的提升。

通过各学者的不断研究，对 LBM 本身的性质以及多相流模型带来的影响也逐渐明晰，在 LBM 多相流模拟中，作用力最终体现在恢复的宏观方程的形式其实由两部分决定：一部分是由于多相流模型本身设计相间作用时引入的伪势力形式，其表现为每一网格点上施加的体积力，并自带由低阶到高阶的微分项，对于简单明了的常量作用力则没有这部分高阶数值余项的影响；第二部分是由于 LBM 本身的体积作用力格式在展开中会引入从零阶微分到高阶微分的各阶影响。两部分的叠加才决定了最终恢复的宏观 NS 方程中的作用形式。

这类采用额外项调节平衡态条件参数的方法仍有一个瑕疵，就是当模拟温度较低而汽液密度比较大的时候，其平衡态汽相密度会随着松弛因子 s_e 和 s_ν 取值不同而变化，若这种变化朝着继续减小汽相密度的方向进行，会对高参数运动模拟带来极大的数值不稳定性，这也是本书将要解决的问题之一。

1.2.3 各界面类方法研究现状

本节将对 LBM 与其他界面类方法在前沿多相流模拟研究性能上做一些对比，由于 LBM 最终目的仍是恢复宏观 NS 方程，因此目前 LBM 的模拟仍处于连续流体范围，至于更稀疏的过渡区流体则需要借助于针对气体微观性质和玻尔兹曼方程直接建模的动理学模型。其他同样基于连续流体的其他界面类方法，包括 VOF、Level-set、Front-track、SPH、Phase field 等目前也都被大量使用于研究液滴动力、气泡、相变等多相流的过程中，这些方法因为需要直接离散表面张力项以及计算指标方程，所以需要四阶精度的空间离散格式。而鉴于高阶格式目前在不规则的网格上表现不佳，这些方法通常只在正交网格上进行计算以保证数值格式精度，并通过精细网格划分和局部自适应加密网格来提高结果精度和界面分辨率，目前在一些实际结构复杂的工业设备、微流动内部通道、多孔介质等流场中的研究仍比较少。而 LBM 尽管在编程和物理概念上比其他方法相对容易，且具备一些独特的物理优势，但长期以来在多相流研究中仍被视为一种中低雷诺数下的数值方法[33,111]，在具体应用方面仍缺乏竞争力。

从具体模型性能上来看，VOF 目前处于可模拟到中高参数的程度。其概念和编程相对比较容易理解，占用内存较少，但其指标方程给出的界面是间断且不尖锐的，需要采用高阶离散格式或者界面重构来获得连续的界面进而计算表面张力。因此 VOF 对复杂界面演化的捕捉能力有限，在计算复杂表面的法向和曲面方向有限制，通常来说无法处理界面对流穿插和完全破碎等复杂界面问题。且 VOF 的界面对于数值格式误差及网格质量较为敏感，通常会出现一些数值误差造成的人工界面破碎的情况[21,111-112]。

对于 Level-set 方法，其采用水平集给出的界面曲率精度更高，对复杂界面的捕捉相对来说比 VOF 好，但由于数值误差存在界面上的质量不守恒问题，改进的守恒模型需要在每一时间步上对界面参数进行重整化，且同样需要高精度格式以及正交网格来保证计算的精度和守恒性[27]。在面对高韦伯数下液滴碰撞拉伸产生薄液层的时候，其仍然需要采用一些人工预置的薄液层稳定手段才能稳定捕捉薄液层[113]。

Front-tracking 采用欧拉-拉格朗日的框架来计算多相流界面演化，在拉格朗日框架下计算在液体表面的众多标记点随流体的演化情况。但这类方法即使采用超级计算机机群也显得计算量庞大，要求的内存也较大，需要动态地根据新产生界面细化网格并进行界面上的高精度插值，这通常需要在大规模集群计算机上并行模拟[114]。并且，这类方法由于在界面上有标记点，当产生界面与界面之间的作用时(例如液滴对撞后反弹、液滴融合等界面交融过程)，会对消失的界面标记计算产生混乱，需要提前预置一些人工手段去干预形成界面的演化过程[115]，但这种方法在一些次级液滴脱离和薄液层形成的案例中表现较好[114]。

相场方法与 LBM 同属扩散相界面方法，相对来说在编程难度、物理性质、捕捉界面演化性能、结果精度方面都没有明显的缺点，且其概念源自 Cahn-Hilliard 方程或 Allen-Cahn 方程并与自由能相关联，易于与各种相变、化学势的物理量耦合，该法目前也是较受欢迎的一种多相流模拟方法。

总的来说，各种界面类的多相流方法目前都面临着包括高参数下难以准确对复杂相界面追踪或捕捉、液滴界面上的质量不守恒、难以模拟薄液层完全破碎发展过程以及在高参数下难以保证数值稳定性等问题[22,27,33,113]。下面以液滴对心碰撞、液滴在薄液层溅射、液滴碰壁为案例，尽作者所能从当前已有文献中收集整理了目前各类方法在这些案例中所能达到的密度比、雷诺数、韦伯数，这也是本书第 5 章采用作为对比的案例，方便读者将本书结果与目前的 LBM 和其他界面多相流算法研究结果在算法数值稳定性上做一个横向对比。

各类方法在液滴对心碰撞的研究成果显示于表 1.1 中，可见目前文献中各类方法模拟到的最高参数为 VOF、耦合 VOF 与 Level-set 和 Front-tracking 这三种方法，LBM 虽然经过发展，但目前在高参数下的模拟稳定性仍然有待提升，本书第 5 章也将液滴对心碰撞作为验证数值稳定性的案例进行研究，读者可以与表中目前的参数水平进行对比。

表 1.1　各种多相流方法在液滴对心碰撞下的参数表现

汽液密度比 DR	雷诺数 *Re*	韦伯数 *We*	计算方法	年份	数据来源
1000	6210	400	级联 LBM	2016	Physical Review E[54]
110	178	357	熵 LBM	2016	Physics of Fluids[78]
150	200	760	MRT LBM	2014	Microfluidics and Nanofluidics[116]
816	1307	150	Level-set	2005	Physics of Fluids[115]
666	178	357	守恒 Level-set	2019	Chemical Engineering Journal[113]
833	8750	1520	VOF	2016	Journal of Fluid Mechanics[112]
1000	8820	1520	耦合 VOF 与 Level-set	2020	Physics of Fluids[117]
666	8750	1520	Front-tracking	2014	Journal of Fluid Mechanics[114]

而液滴在薄液层溅射的案例在 LBM 中作为验证案例较为常见，读者可参照 1.2.1 节与 1.2.2 节对 LBM 及多相流模型的介绍得到目前 LBM 在液滴溅射中能稳定模拟的参数水平，也可以将其与第 5 章的结果进行比较。

液滴在固壁上的碰撞在数值模拟上比液滴对撞更难一些，因为其在固壁上的碰撞瞬间产生时间极短的动量交换，内部速度及界面变化更为迅速，同时还受到壁面边界条件的影响，这对数值稳定性来说是一个挑战，因而目前的各类方法对此模拟的参数水平都比液滴对撞要低一些。具体的相关参数可见表 1.2，其中 Level-set 与 VOF 在案例的表现中更好一些。

表 1.2　各种多相流方法在液滴碰壁下的参数表现

汽液密度比 DR	雷诺数 *Re*	韦伯数 *We*	计算方法	年份	数据来源
36	406	22.6	LBGK LBM	2019	Computers & Fluids[118]
830	11412	548	Level-set	2008	Microfluidics and Nanofluidics[119]
830	3245	52	Phase field	2016	Physics of Fluids[120]
1667	1000	2500	VOF	2017	Journal of Applied Fluid Mechanics[121]
800	5543	229	耦合 VOF 与 Level-set	2011	Soft Matter[45]

尽管此处所列文献可能仍有未尽之处，但从本节的梳理中，可以看到目前各界面类方法在多相流模拟中所能稳定达到的参数水平，其中 LBM 相对于其他方法的数值稳定性仍然有待提高，这也是本书的主要工作。

1.3 本书研究内容

前述内容梳理了 LBM 及其多相流模型的发展与现状，横向对比了其他的界面类多相流算法。可以看到经过不断研究，LBM 在多相流计算中的数值稳定性有了较大的提高，但相比于其他算法来说仍然缺乏明显的竞争优势。目前对于多相流过程的前沿机理研究仅依靠实验已经很难满足，需要有足够稳定的多相流界面算法工具去辅助认识其物理机理，包括目前实验研究较多的纳米表面沸腾、液滴碰撞的演化及粒径分布、微槽道内的多相流动等都需要进一步从数值手段获取大量信息进行研究。因此，提高多相流算法模拟的数值稳定性并对高参数下的多相流现象开展研究是本书的主要目的。

本书基于 LBM 中的汽液多相流算法，将通过研究多相流算法当中存在的不稳定性原因，进而提出稳定化的方案，并最终提出一套稳定适用于从低到高参数(包括汽液密度比、雷诺数、韦伯数、速度等)的解耦且稳定化的 LBM 多相流算法。

本书的主要结构如下：

第 1 章引言，介绍了多相流算法的类别，包括 LBM 在多相流领域的研究现状，并对比了各类算法的数值稳定性。

第 2 章多松弛 MRT 格子玻尔兹曼模型介绍，因后续涉及公式内容较多，第 2 章介绍了本书研究所处的 MRT 算法框架和使用的 SC 伪势模型公式，并介绍了 LBM 中关键的量纲转换与数值稳定性之间的关系。

第 3 章 LBM 的不稳定性分析及限制器，这章是本书研究的起点，研究了在伪势多相流中数值不稳定性发生的原因，并提出了相应的稳定化方案。

第 4 章 MRT 的四阶力项展开分析，这章通过展开力项及额外高阶项(最高达四阶)，辨别了其高阶的效应以及其影响汽相密度的方式，提出了抑制高阶效应的两类方法以避免因汽相密度偏离而发生数值发散。

第 5 章解耦且稳定化的 MRT 算法，这章在前面研究基础上，提出了一种解耦且稳定化的 MRT 算法框架，并将其用于模拟从低参数到高参数的多相流过程，研究了液滴在高参数下的界面变化情况与成核沸腾点的影响，证明了其在数值稳定性上的明显提升与在多相流研究中的可用性。

第 6 章总结与展望，这章对本书主要结论及创新点作了陈述，并对可行的工作进行了展望。

第 3、4、5 章是本书的主体创新工作内容。

第2章　多松弛MRT格子玻尔兹曼模型介绍

本章主要介绍格子玻尔兹曼方法中多松弛方法的基本计算过程及数学推导过程，并未涉及本书的主体创新工作，但由于之后的主体工作与之关系紧密，因此有必要在这一章将所涉及的公式概念及基础推导过程梳理清楚。此外，本章还将介绍所涉及的 LBM 中的多相流模型，以便更好地衔接之后的内容。

2.1　多松弛 MRT-LBM 的基本计算过程

本书的工作主体基于二维 D2Q9(二维，九个速度方向)的多松弛方法计算框架，这也是目前较为通用的 LBM 计算框架，其在模型复杂程度及计算复杂性上与单松弛方法相比可以接受，在各种多相流研究中也得到了大量应用[73,122]。在 LBM 中，从二维到三维的推广计算虽然因为方向增加而稍显繁杂，但流程和格式都遵循同样的机制，其推广并没有实质的困难，目前也存在大量的三维 LBM 应用计算案例。LBM 仍基于连续玻尔兹曼公式的表述，采用粒子与概率密度的运动方程的微观描述形式，最终通过统计手段可在宏观恢复流体的运动方程，即 NS 方程。本书采用的多松弛方法由单松弛方法发展而来，公式在速度空间下可写为如下形式[75,81-82]：

$$f_\alpha(\boldsymbol{x}+\boldsymbol{e}_\alpha\delta_t, t+\delta_t) = f_\alpha(\boldsymbol{x}, t) - (\boldsymbol{M}^{-1}\boldsymbol{SM})_{\alpha\beta}(f_\beta - f_\beta^{\mathrm{eq}}) + \delta_t F'_\alpha \tag{2-1}$$

式中，$f_\alpha(\boldsymbol{x}, t)$为粒子的概率密度分布函数；$F'_\alpha$为力项在速度空间的表达形式，$\boldsymbol{x}$ 表示粒子所在位置的空间矢量；t 和 δ_t 分别表示当前时间及时间步间隔，一般 δ_t 取为1；下标 α 和 β 在二维空间 D2Q9 格式下代表 0,1,…,8 等九个方向的数字，式中张量运算采用爱因斯坦求和约定；f^{eq} 表示平衡态下的概率密度分布函数；$\boldsymbol{e}_\alpha$ 表示离散速度方向的矢量。式(2-2)中 c 为单位速度，一般取为1，$\boldsymbol{e}_\alpha$ 表达式为

$$\boldsymbol{e}_\alpha = \begin{cases} (0,0), & \alpha = 0 \\ (\pm 1,0)c, (0,\pm 1)c, & \alpha = 1,\cdots,4 \\ (\pm 1,\pm 1)c, & \alpha = 5,\cdots,8 \end{cases} \tag{2-2}$$

$\boldsymbol{e}_\alpha$ 形式如图 2.1 所示。

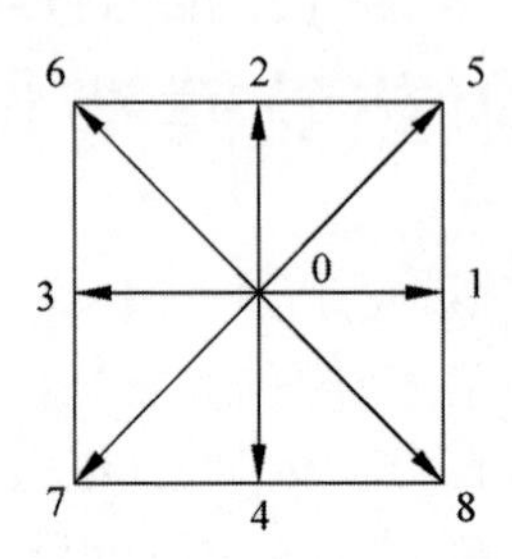

图 2.1　D2Q9 模型离散速度方向示意图

而式(2-1)中 $\boldsymbol{M}$ 为多松弛方法所用的正交转换矩阵，写为

$$\boldsymbol{M} = \begin{pmatrix} 1 & 1 & 1 & 1 & 1 & 1 & 1 & 1 & 1 \\ -4 & -1 & -1 & -1 & -1 & 2 & 2 & 2 & 2 \\ 4 & -2 & -2 & -2 & -2 & 1 & 1 & 1 & 1 \\ 0 & 1 & 0 & -1 & 0 & 1 & -1 & -1 & 1 \\ 0 & -2 & 0 & 2 & 0 & 1 & -1 & -1 & 1 \\ 0 & 0 & 1 & 0 & -1 & 1 & 1 & -1 & -1 \\ 0 & 0 & -2 & 0 & 2 & 1 & 1 & -1 & -1 \\ 0 & 1 & -1 & 1 & -1 & 0 & 0 & 0 & 0 \\ 0 & 0 & 0 & 0 & 0 & 1 & -1 & 1 & -1 \end{pmatrix} \tag{2-3}$$

$\boldsymbol{M}^{-1}$ 为其逆矩阵：

$$\boldsymbol{M}^{-1} = \begin{pmatrix} 1/9 & -1/9 & 1/9 & 0 & 0 & 0 & 0 & 0 & 0 \\ 1/9 & -1/36 & -1/18 & 1/6 & -1/6 & 0 & 0 & 1/4 & 0 \\ 1/9 & -1/36 & -1/18 & 0 & 0 & 1/6 & -1/6 & -1/4 & 0 \\ 1/9 & -1/36 & -1/18 & -1/6 & 1/6 & 0 & 0 & 1/4 & 0 \\ 1/9 & -1/36 & -1/18 & 0 & 0 & -1/6 & 1/6 & -1/4 & 0 \\ 1/9 & 1/18 & 1/36 & 1/6 & 1/12 & 1/6 & 1/12 & 0 & 1/4 \\ 1/9 & 1/18 & 1/36 & -1/6 & -1/12 & 1/6 & 1/12 & 0 & -1/4 \\ 1/9 & 1/18 & 1/36 & -1/6 & -1/12 & -1/6 & -1/12 & 0 & 1/4 \\ 1/9 & 1/18 & 1/36 & 1/6 & 1/12 & -1/6 & -1/12 & 0 & -1/4 \end{pmatrix} \tag{2-4}$$

而 $\boldsymbol{S}$ 为对角矩阵，矩阵内各元素为矩空间内不同模式下的松弛系数：

$$\boldsymbol{S}=\operatorname{diag}(s_\rho, s_e, s_\zeta, s_j, s_q, s_j, s_q, s_\nu, s_\nu) \tag{2-5}$$

其中两个松弛系数 s_e 和 s_ν 分别跟体积黏性系数和运动黏性系数相关：

$$\zeta=\left(\frac{1}{s_e}-\frac{1}{2}\right)c_{\mathrm{s}}^2\delta_t, \quad \nu=\left(\frac{1}{s_\nu}-\frac{1}{2}\right)c_{\mathrm{s}}^2\delta_t \tag{2-6}$$

其中，ζ 表示体积黏性系数；ν 表示运动黏性系数；c_{s}^2 表示当地声速的平方(为 $c^2/3$，即 1/3)。而 s_ρ，s_j 和 s_q 由于方程展开需要一般都取为 1。

为将 LBM 中不同动力模式下的松弛过程分离，将式(2-1)两端乘以一个转换矩阵 $\boldsymbol{M}$ 即可将其转换到矩空间下，在矩空间中进行碰撞过程，其表达形式将变为

$$\boldsymbol{m}^*(\boldsymbol{x},t)=\boldsymbol{m}(\boldsymbol{x},t)-\boldsymbol{S}\left[\boldsymbol{m}(\boldsymbol{x},t)-\boldsymbol{m}^{\mathrm{eq}}(\boldsymbol{x},t)\right]+\delta_t\boldsymbol{F}_{\mathrm{m}}(\boldsymbol{x},t) \tag{2-7}$$

其中，$\boldsymbol{F}_{\mathrm{m}}=\boldsymbol{M}\boldsymbol{F}'$是力项在矩空间的投影向量，$\boldsymbol{F}'$为式(2-1)中 F'_α的向量形式；而 $\boldsymbol{m}^*$ 为临时变量，即式(2-1)左侧变量左乘转换矩阵 $\boldsymbol{M}$ 后的投影向量。而 $\boldsymbol{m}$ 即是 $f_\alpha(\boldsymbol{x},t)$左乘 $\boldsymbol{M}$ 后在矩空间下的投影向量，其内各元素为 f_α 的各阶矩，$\boldsymbol{m}^{\mathrm{eq}}$ 则是 f_α^{eq} 转换后的向量，根据平衡态矩的定义可写为

$$\begin{aligned}\boldsymbol{m}^{\mathrm{eq}}=\rho[&1,-2+3|\boldsymbol{u}|^2,1-3|\boldsymbol{u}|^2,\\&u_x,-u_x,u_y,-u_y,u_x^2-u_y^2,u_xu_y]^{\mathrm{T}}\end{aligned} \tag{2-8}$$

其中，ρ 是密度；$\boldsymbol{u}=(u_x,u_y)$是当地节点的统计速度，分别是概率密度函数的零阶矩和一阶矩：

$$\rho=\sum_\alpha f_\alpha, \quad \rho\boldsymbol{u}=\sum_\alpha \boldsymbol{e}_\alpha f_\alpha+\frac{\delta_t}{2}\boldsymbol{F} \tag{2-9}$$

这里所出现的 $\boldsymbol{F}$ 是当地节点所受到的体积力 $\boldsymbol{F}=(F_x,F_y)$，其与之前的矩空间力项表达式 $\boldsymbol{F}_{\mathrm{m}}$ 有关，在之前的研究中 McCracken[77] 与郭照立[107,123] 等对于力项表达式做了二阶分析，给出了二阶精度的力项表达式：

$$\boldsymbol{F}_{\mathrm{m}}=(\boldsymbol{I}-0.5\boldsymbol{S})\begin{bmatrix}0\\6(u_xF_x+u_yF_y)\\-6(u_xF_x+u_yF_y)\\F_x\\-F_x\\F_y\\-F_y\\2(u_xF_x-u_yF_y)\\(u_xF_y+u_yF_x)\end{bmatrix} \tag{2-10}$$

这里 $\boldsymbol{I}$ 是单位矩阵，将当地节点所受体积力按式(2-10)代入力项表达式即可表征流体运动中所受到的力。

在进行完公式(2-7)所示的碰撞过程后，需要把矩变量转换到速度空间以进行迁移过程。将 $\boldsymbol{m}^*$ 左乘以逆转换矩阵 $\boldsymbol{M}^{-1}$ 可以得到临时变量 $f_\alpha^*(\boldsymbol{x},t)=\boldsymbol{M}^{-1}\boldsymbol{m}^*$，之后可进行迁移过程以将时间推进到下一步：

$$f_\alpha(\boldsymbol{x}+\boldsymbol{e}_\alpha\delta_t,t+\delta_t)=f_\alpha^*(\boldsymbol{x},t) \tag{2-11}$$

在迁移完成之后可按照式(2-9)计算更新当地密度及速度，然后再进行下一时间步的碰撞迁移。至此，通过这些步骤，LBM 即可模拟低速近不可压流体的流动过程，其与 NS 方程是等价的，在低速下具有二阶精度[124]。此外需要提及的是单松弛和多松弛方法所恢复的 NS 方程在形式上是一致的，即具有 $O(u^3)$ 的余项，因此其在速度较大的时候会引入 NS 方程中所没有的二阶微分的数值黏性。

由于多松弛方法相比于单松弛方法可以分项调节不同模式的松弛因子(某些松弛因子具备自由度，并不影响二阶格式下的 NS 方程项)，因此一般认为其相比于单松弛方法有更高的数值稳定性。

2.2 多松弛方法对应的宏观方程

2.1 节展示了多松弛 LBM 的基本计算步骤，但从数学上仍需要严格证明其实际所对应的宏观流动方程，本节通过查普曼-恩斯库格时间尺度展开的方式证明多松弛方法所恢复的宏观 NS 方程形式[76-77]。首先将式(2-1)左侧在 $(\boldsymbol{x},t)$ 处进行泰勒展开可得：

$$\begin{aligned}&f_\alpha(\boldsymbol{x},t)+\delta_t(\partial_t+\boldsymbol{e}_\alpha\cdot\nabla)f_\alpha(\boldsymbol{x},t)+\\&\frac{\delta_t^2}{2}(\partial_t+\boldsymbol{e}_\alpha\cdot\nabla)^2f_\alpha(\boldsymbol{x},t)+O(\delta_t^3)=f_\alpha^*(\boldsymbol{x},t)\end{aligned} \tag{2-12}$$

略去 $O(\delta_t^3)$ 项，将其左乘以转换矩阵 $\boldsymbol{M}$ 并结合式(2-7)可得：

$$(\boldsymbol{I}\partial_t+\boldsymbol{D})\boldsymbol{m}+\frac{\delta_t}{2}(\boldsymbol{I}\partial_t+\boldsymbol{D})^2\boldsymbol{m}=-\frac{\boldsymbol{S}}{\delta_t}(\boldsymbol{m}-\boldsymbol{m}^{\mathrm{eq}})+\boldsymbol{F}_{\mathrm{m}} \tag{2-13}$$

这里 $\boldsymbol{D}=\boldsymbol{M}[\mathrm{diag}(\boldsymbol{e}_0\cdot\nabla,\cdots,\boldsymbol{e}_8\cdot\nabla)]\boldsymbol{M}^{-1}$，$\nabla=(\partial_x,\partial_y)^{\mathrm{T}}$。令 $\boldsymbol{D}=\boldsymbol{C}_x\partial_x+\boldsymbol{C}_y\partial_y$，其中二阶张量 $\boldsymbol{C}_x$ 为

$$
\boldsymbol{C}_x = \begin{pmatrix}
0 & 0 & 0 & 1 & 0 & 0 & 0 & 0 & 0 \\
0 & 0 & 0 & 1 & 1 & 0 & 0 & 0 & 0 \\
0 & 0 & 0 & 0 & 1 & 0 & 0 & 0 & 0 \\
\frac{2}{3} & \frac{1}{6} & 0 & 0 & 0 & 0 & 0 & \frac{1}{2} & 0 \\
0 & \frac{1}{3} & \frac{1}{3} & 0 & 0 & 0 & 0 & -1 & 0 \\
0 & 0 & 0 & 0 & 0 & 0 & 0 & 0 & 1 \\
0 & 0 & 0 & 0 & 0 & 0 & 0 & 0 & 1 \\
0 & 0 & 0 & \frac{1}{3} & -\frac{1}{3} & 0 & 0 & 0 & 0 \\
0 & 0 & 0 & 0 & 0 & \frac{2}{3} & \frac{1}{3} & 0 & 0
\end{pmatrix} \tag{2-14}
$$

而 $\boldsymbol{C}_y$ 则可以写为

$$
\boldsymbol{C}_y = \begin{pmatrix}
0 & 0 & 0 & 0 & 0 & 1 & 0 & 0 & 0 \\
0 & 0 & 0 & 0 & 0 & 1 & 1 & 0 & 0 \\
0 & 0 & 0 & 0 & 0 & 0 & 1 & 0 & 0 \\
0 & 0 & 0 & 0 & 0 & 0 & 0 & 0 & 1 \\
0 & 0 & 0 & 0 & 0 & 0 & 0 & 0 & 1 \\
\frac{2}{3} & \frac{1}{6} & 0 & 0 & 0 & 0 & 0 & -\frac{1}{2} & 0 \\
0 & \frac{1}{3} & \frac{1}{3} & 0 & 0 & 0 & 0 & 1 & 0 \\
0 & 0 & 0 & 0 & 0 & -\frac{1}{3} & \frac{1}{3} & 0 & 0 \\
0 & 0 & 0 & \frac{2}{3} & \frac{1}{3} & 0 & 0 & 0 & 0
\end{pmatrix} \tag{2-15}
$$

将式(2-13)中某些算子及项采用查普曼-恩斯库格进行时间尺度展开则有：

$$
\begin{gathered}
\partial_t = \sum_{n=1}^{+\infty} \varepsilon^n \partial_{t_n}, \quad \boldsymbol{D} = \varepsilon \boldsymbol{D}_1, \quad \boldsymbol{m} = \sum_{n=0}^{+\infty} \varepsilon^n \boldsymbol{m}^{(n)}, \\
\boldsymbol{F}_{\mathrm{m}} = \varepsilon \boldsymbol{F}_{\mathrm{m}}^{(1)}, \quad F_{x,y} = \varepsilon F_{x,y}^{(1)}
\end{gathered} \tag{2-16}
$$

这里 ε 为展开参数，与克努森数具有相同量级，用以将上述各项在各时间尺度进行展开。将式(2-13)展开后各项按照 ε 的阶数分别进行整理：

$$\varepsilon^0:\boldsymbol{m}^{(0)}=\boldsymbol{m}^{\mathrm{eq}} \tag{2-17}$$

$$\varepsilon^1:(\boldsymbol{I}\partial_{t_1}+\boldsymbol{D}_1)\boldsymbol{m}^{(0)}=-\frac{\boldsymbol{S}}{\delta_t}\boldsymbol{m}^{(1)}+\boldsymbol{F}_{\mathrm{m}}^{(1)} \tag{2-18}$$

$$\begin{aligned}\varepsilon^2:&\ \partial_{t_2}\boldsymbol{m}^{(0)}+(\boldsymbol{I}\partial_{t_1}+\boldsymbol{D}_1)\boldsymbol{m}^{(1)}+\frac{\delta_t}{2}(\boldsymbol{I}\partial_{t_1}+\boldsymbol{D}_1)^2\boldsymbol{m}^{(0)}\\&=-\frac{\boldsymbol{S}}{\delta_t}\boldsymbol{m}^{(2)}\end{aligned} \tag{2-19}$$

参考平衡态矩的定义式(2-8)，质量守恒方程、x 和 y 方向的动量方程分别对应式(2-17)～式(2-19)中表示的第一个、第四个和第六个方程(按传统记法，与离散速度方向记号相符，$\boldsymbol{m}$ 的第一个分量记为 m_0，最后一个分量为 m_8)，将其按照展开的阶数分别整理写出：

$$\varepsilon^0:\begin{cases}m_0^{(0)}=m_0^{\mathrm{eq}}=\rho\\ m_3^{(0)}=m_3^{\mathrm{eq}}=\rho u_x\\ m_5^{(0)}=m_5^{\mathrm{eq}}=\rho u_y\end{cases} \tag{2-20}$$

$$\varepsilon^1:\begin{cases}\partial_{t_1}m_0^{(0)}+\partial_{x_1}m_3^{(0)}+\partial_{y_1}m_3^{(0)}=-\frac{s_\rho}{\delta_t}m_0^{(1)}+F_{\mathrm{m}_0}^{(1)}\\ \partial_{t_1}m_3^{(0)}+\partial_{x_1}\left(\frac{2}{3}m_0^{(0)}+\frac{1}{6}m_1^{(0)}+\frac{1}{2}m_7^{(0)}\right)+\partial_{y_1}m_8^{(0)}=-\frac{s_j}{\delta_t}m_3^{(1)}+F_{\mathrm{m}_3}^{(1)}\\ \partial_{t_1}m_5^{(0)}+\partial_{x_1}m_8^{(0)}+\partial_{x_1}\left(\frac{2}{3}m_0^{(0)}+\frac{1}{6}m_1^{(0)}-\frac{1}{2}m_7^{(0)}\right)=-\frac{s_j}{\delta_t}m_5^{(1)}+F_{\mathrm{m}_5}^{(1)}\end{cases} \tag{2-21}$$

考虑宏观量的定义式(2-9)，即 $m_0=\rho,m_3=\rho u_x-\delta_t F_x/2,m_5=\rho u_y-\delta_t F_y/2$，则通过式(2-20)可以给出：

$$\begin{cases}m_0^{(1)}+\frac{\delta_t}{2-s_\rho}F_{\mathrm{m}_0}^{(1)}=0,\quad m_0^{(n)}=0\quad(\forall n\geqslant 2)\\ m_3^{(1)}+\frac{\delta_t}{2-s_j}F_{\mathrm{m}_3}^{(1)}=0,\quad m_3^{(n)}=0\quad(\forall n\geqslant 2)\\ m_5^{(1)}+\frac{\delta_t}{2-s_j}F_{\mathrm{m}_5}^{(1)}=0,\quad m_5^{(n)}=0\quad(\forall n\geqslant 2)\end{cases} \tag{2-22}$$

利用式(2-22)关系，ε^1 的方程式(2-21)右端可消去部分项，x 和 y 方向的动量方程右端分别剩余 F_x 和 F_y，即体积力项。于是 ε^1 的方程式可进一步写为

$$
\varepsilon^1:\begin{cases}\partial_{t_1}\rho+\partial_{x_1}(\rho u_x)+\partial_{y_1}(\rho u_y)=0\\ \partial_{t_1}(\rho u_x)+\partial_{x_1}\left(\dfrac{1}{3}\rho+\rho u_x^2\right)+\partial_{y_1}(\rho u_x u_y)=F_x^{(1)}\\ \partial_{t_1}(\rho u_y)+\partial_{x_1}(\rho u_x u_y)+\partial_{x_1}\left(\dfrac{1}{3}\rho+\rho u_y^2\right)=F_y^{(1)}\end{cases} \tag{2-23}
$$

另外考虑式(2-18)，有如下关系：

$$
\frac{\delta_t}{2}(\boldsymbol{I}\partial_{t_1}+\boldsymbol{D}_1)^2\boldsymbol{m}^{(0)}=\frac{\delta_t}{2}(\boldsymbol{I}\partial_{t_1}+\boldsymbol{D}_1)\left(-\frac{\boldsymbol{S}}{\delta_t}\boldsymbol{m}^{(1)}+\boldsymbol{F}_{\mathrm{m}}^{(1)}\right) \tag{2-24}
$$

将式(2-24)代入二阶项的方程并展开有：

$$
\varepsilon^2:\begin{cases}\partial_{t_2}m_0^{(0)}+\left(1-\dfrac{s_j}{2}\right)\partial_{x_1}\left(m_3^{(1)}+\dfrac{\delta_t}{2-s_j}F_{\mathrm{m}_3}^{(1)}\right)+\\ \left(1-\dfrac{s_j}{2}\right)\partial_{y_1}\left(m_5^{(1)}+\dfrac{\delta_t}{2-s_j}F_{\mathrm{m}_5}^{(1)}\right)=0\\ \partial_{t_2}m_3^{(0)}+\left(1-\dfrac{s_\nu}{2}\right)\partial_{y_1}\left(m_8^{(1)}+\dfrac{\delta_t}{2-s_\nu}F_{\mathrm{m}_8}^{(1)}\right)+\\ \partial_{x_1}\left[\dfrac{1}{6}\left(1-\dfrac{s_e}{2}\right)\left(m_1^{(1)}+\dfrac{\delta_t}{2-s_e}F_{\mathrm{m}_1}^{(1)}\right)+\right.\\ \left.\dfrac{1}{2}\left(1-\dfrac{s_\nu}{2}\right)\left(m_7^{(1)}+\dfrac{\delta_t}{2-s_\nu}F_{\mathrm{m}_7}^{(1)}\right)\right]=0\\ \partial_{t_2}m_5^{(0)}+\left(1-\dfrac{s_\nu}{2}\right)\partial_{x_1}\left(m_8^{(1)}+\dfrac{\delta_t}{2-s_\nu}F_{\mathrm{m}_8}^{(1)}\right)+\\ \partial_{y_1}\left[\dfrac{1}{6}\left(1-\dfrac{s_e}{2}\right)\left(m_1^{(1)}+\dfrac{\delta_t}{2-s_e}F_{\mathrm{m}_1}^{(1)}\right)-\right.\\ \left.\dfrac{1}{2}\left(1-\dfrac{s_\nu}{2}\right)\left(m_7^{(1)}+\dfrac{\delta_t}{2-s_\nu}F_{\mathrm{m}_7}^{(1)}\right)\right]=0\end{cases} \tag{2-25}
$$

为了化简二阶方程里出现的未知量 $m_1^{(1)}$，$m_7^{(1)}$ 和 $m_8^{(1)}$，需要写出它们所对应的一阶方程，即第二、第八和第九个一阶方程：

$$
\begin{cases}\partial_{t_1}m_1^{(0)}=-\dfrac{s_e}{\delta_t}m_1^{(1)}+F_{\mathrm{m}_1}^{(1)}\\ \partial_{t_1}m_7^{(0)}+\partial_{x_1}\left(\dfrac{1}{3}m_3^{(0)}-\dfrac{1}{3}m_4^{(0)}\right)+\partial_{y_1}\left(-\dfrac{1}{3}m_5^{(0)}+\dfrac{1}{3}m_6^{(0)}\right)=-\dfrac{s_\nu}{\delta_t}m_7^{(1)}+F_{\mathrm{m}_7}^{(1)}\\ \partial_{t_1}m_8^{(0)}+\partial_{x_1}\left(\dfrac{2}{3}m_5^{(0)}+\dfrac{1}{3}m_6^{(0)}\right)+\partial_{y_1}\left(\dfrac{2}{3}m_3^{(0)}+\dfrac{1}{3}m_4^{(0)}\right)=-\dfrac{s_\nu}{\delta_t}m_8^{(1)}+F_{\mathrm{m}_8}^{(1)}\end{cases} \tag{2-26}
$$

首先化简 $m_1^{(1)}$，通过式(2-26)第一个方程，利用 ε^1 的质量守恒方程关系 $\partial_{t_0}\rho=-\partial_{x_1}(\rho u_x)-\partial_{y_1}(\rho u_y)$ 得出：

$$m_1^{(1)}=\frac{\delta_t}{s_e}\{F_{m_1}^{(1)}-2\partial_{x_1}(\rho u_x)-2\partial_{y_1}(\rho u_y)-3\partial_{t_1}[\rho(u_x^2+u_y^2)]\}\tag{2-27}$$

进一步，利用式(2-23)化简式(2-27)大括号中的第四项，并利用一些微分转换操作可以给出：

$$\begin{aligned}m_1^{(1)}=\frac{\delta_t}{s_e}\{&F_{m_1}^{(1)}-2\partial_{x_1}(\rho u_x)-2\partial_{y_1}(\rho u_y)-\\&3[(2u_xF_x^{(1)}+2u_yF_y^{(1)}-2u_x\partial_{x_1}p-2u_y\partial_{y_1}p)]-\\&[3(-\partial_{k_1}(\rho u_x^2u_k)-\partial_{k_1}(\rho u_y^2u_k))]\}\end{aligned}\tag{2-28}$$

式(2-28)中 $p=c_s^2\rho=\rho/3$，为压力项。而第三行出现的两个 $O(u^3)$ 项为数值耗散余项，在此二阶分析中利用假设条件 $|\boldsymbol{u}|\ll c_s=1/3^{1/2}$，这两个误差余项属于小量，在之后的分析中被忽略，其中的 k 取值遍历 x,y 求和，即采用爱因斯坦求和约定(如 $\partial_{k_1}(\rho u_y^2u_k)=\partial_{x_1}(\rho u_y^2u_x)+\partial_{y_1}(\rho u_y^3)$)。

同理，$m_7^{(1)}$ 和 $m_8^{(1)}$ 也可求得：

$$\begin{aligned}m_7^{(1)}=\frac{\delta_t}{s_\nu}\Big[&F_{m_7}^{(1)}-\partial_{x_1}\left(\frac{2}{3}\rho u_x\right)+\partial_{y_1}\left(\frac{2}{3}\rho u_y\right)-2u_xF_x^{(1)}+\\&2u_yF_y^{(1)}+2u_x\partial_{x_1}p-2u_y\partial_{y_1}p+\\&\partial_{k_1}(\rho u_x^2u_k)-\partial_{k_1}(\rho u_y^2u_k)\Big]\end{aligned}\tag{2-29}$$

$$\begin{aligned}m_8^{(1)}=\frac{\delta_t}{s_\nu}\Big[&F_{m_8}^{(1)}+\partial_{x_1}\left(\frac{1}{3}\rho u_y\right)+\partial_{y_1}\left(\frac{1}{3}\rho u_x\right)-\\&(u_yF_x^{(0)}+u_xF_y^{(0)})+u_y\partial_{x_1}p+u_x\partial_{y_1}p+\\&\partial_{k_1}(\rho u_xu_yu_k)\Big]\end{aligned}\tag{2-30}$$

式(2-29)与式(2-30)中的 $O(u^3)$ 余项将被视为误差项，在之后的分析中也被忽略。

将上述 $m_1^{(1)}$，$m_7^{(1)}$ 和 $m_8^{(1)}$ 的关系代入式(2-25)中可得：

$$
\varepsilon^2:\begin{cases}
\partial_{t_2}\rho=0 \\
\partial_{t_2}(\rho u_x)+\partial_{y_1}\left[-\dfrac{1}{3}\delta_t\left(\dfrac{1}{s_\nu}-\dfrac{1}{2}\right)(\rho\partial_x u_y+\rho\partial_y u_x)\right]+ \\
\partial_{x_1}\left[-\dfrac{1}{3}\delta_t\left(\dfrac{1}{s_e}-\dfrac{1}{2}\right)(\rho\partial_{x_1}u_x+\rho\partial_{y_1}u_y)+\right. \\
\left.\dfrac{1}{3}\delta_t\left(\dfrac{1}{s_\nu}-\dfrac{1}{2}\right)(-\rho\partial_{x_1}u_x+\rho\partial_{y_1}u_y)\right]=0 \\
\partial_{t_2}(\rho u_y)+\partial_{x_1}\left[-\dfrac{1}{3}\delta_t\left(\dfrac{1}{s_\nu}-\dfrac{1}{2}\right)(\rho\partial_x u_y+\rho\partial_y u_x)\right]+ \\
\partial_{y_1}\left[-\dfrac{1}{3}\delta_t\left(\dfrac{1}{s_e}-\dfrac{1}{2}\right)(\rho\partial_x u_x+\rho\partial_y u_y)+\right. \\
\left.\dfrac{1}{3}\delta_t\left(\dfrac{1}{s_\nu}-\dfrac{1}{2}\right)(\rho\partial_x u_x-\rho\partial_y u_y)\right]=0
\end{cases}
\tag{2-31}
$$

将 $\varepsilon^0,\varepsilon^1,\varepsilon^2$ 的方程求和整理则可以得到如下的 NS 方程：

$$
\begin{cases}
\partial_t\rho+\nabla\cdot(\rho\boldsymbol{u})=0 \\
\partial_t(\rho\boldsymbol{u})+\nabla\cdot(\rho\boldsymbol{uu})=\boldsymbol{F}-\nabla p+\nabla\cdot[\zeta\rho(\nabla\cdot\boldsymbol{u})\boldsymbol{I}]+ \\
\nabla\cdot\{\nu\rho[\nabla\boldsymbol{u}+(\nabla\boldsymbol{u})^{\mathrm{T}}]-(\nabla\cdot\boldsymbol{u})\boldsymbol{I}\}
\end{cases}
\tag{2-32}
$$

式(2-32)即完整形式的 NS 方程，其中压力项 $p=c_s^2\rho=\rho/3$，在 LBM 多相流方法中可将压力项改写为不同状态方程的热力学压强形式。且式(2-32)动量方程右端的黏性项包含了体积黏性和剪切黏性项，体现了完整的牛顿流体应力张量的本构关系。

此外还应强调上述二阶精度的 NS 方程在推导过程中忽略了 $O(u^3)$ 余项，该余项在流速较低的时候带来的影响可以忽略，但在较高流速的计算中，该余项则会带来不可忽视的数值黏性效应，其在速度变大的时候倾向于减少方程中真实的黏性，在多相流的计算中有可能带来数值不稳定。之后在本书第 5 章的主体工作中，将谈到如何利用新提出的方法消除该余项以得到二阶准确的 NS 方程，并将使用本书提出的方法与此原始的多松弛方法做一个数值案例的对比以说明此余项的影响。

至此，本节通过查普曼-恩斯库格展开和概率统计的方法证明了多松弛 LBM 在其看似简单的数值计算流程背后，实际上是能够通过向宏观层面进行统计的数学手段，证明 LBM 的碰撞迁移过程与宏观 NS 方程所描述的流动规律一致。从宏观上看，NS 方程是从流体微团的质量守恒与动量守恒规律出发所得出的方程，而 LBM 与之不同的是将所观察的流体微团往介观向下分解一层,例如在此二维 D2Q9 格式中将其分为了九个方向的粒子团,并采用概率密度函数来描述其粒子数量关系。看似简单的 LBM 碰撞迁移过程实际上天然地保持了介观视角下粒子的质量守恒与动量守恒规律,如果将其往宏观上进行统计分析,其所描述的流动自然就能够与遵守质量守恒与动量守恒关系的 NS 方程相吻合。而若将流动微团再向微观纳米级分解观察,即连续速度方向空间下单流体粒子之间的流动碰撞关系,则需要采用蒙特卡洛的方法去模拟每个粒子之间的碰撞迁移关系,其同样需要保持质量守恒与动量-冲量关系式。当按照微团大小统计到宏观量密度与速度时,也能描述流体的流动过程,实际上蒙特卡洛方法也是科学界中研究流体的一种手段。

值得一提的是,基于粒子描述,粒子的概率密度分布函数在碰撞前后总和不变,即碰撞只是使得分布函数在节点的不同速度方向上进行重新分配,而迁移过程全场总和不变。LBM 的整个计算过程能够天然地保持完美的质量守恒,不会像一些基于 NS 的多相流数值方法如 Level-set 等由于数值格式带来质量不守恒的问题,而动量方程的准确性则取决于数值黏性误差余项影响的大小。此外,LBM 自 NS 方程流体微团视角往下分解一层带来的好处是整个数值方法中有更多的自由度,这些自由度并不影响所恢复的二阶 NS 方程形式,但是却能通过调节它们来实现部分的数值稳定性并轻易地加入某些更高阶的数值项(如表面张力等高阶微分项)。

2.3 LBM 中的多相流模型

LBM 的发展过程中,对于多相流的研究主要着重于界面类的多相流方法,产生了颜色势模型、自由能模型、伪势模型、相场模型等,各类模型的提出和发展主要是为了解决在降低界面虚拟速度下和在高雷诺数、高韦伯数、高汽液密度比下的数值稳定性问题。本书的主体工作主要在伪势模型下实现,因此本节主要介绍伪势模型的计算流程。

伪势模型由 Shan 和 Chen 在 1993 年的论文中提出[87],其主要思想是类比分子间长程及短程作用力,对相邻节点之间的粒子施加一定的相间作用力,使得液相汽相之间实现自动分离。但之后更进一步的发展指出其实质上与自由能模型类似,并在以 NS 方程为基础的高阶微分项上恢复了表面张力$\nabla\psi\,\nabla\psi$[103](与宏观方法对表面张力的分析一致,且与 VOF、Level-set 等使用表面张力项进行计算的方法在一定程度上吻合)。伪势模型施加

的相间作用力形式为

$$\boldsymbol{F}=-G\psi(\boldsymbol{x})\sum_{\alpha=1}^{8}w(|\boldsymbol{e}_{\alpha}|^{2})\psi(\boldsymbol{x}+\boldsymbol{e}_{\alpha}\delta_{t})\boldsymbol{e}_{\alpha} \tag{2-33}$$

式中，ψ 代表粒子间的伪势；G 在最初的模型中表示作用力强度，现行方法中因其并无实质意义而常被消去，在本书工作中将 G 设为 -1；$w(|\boldsymbol{e}_{\alpha}|^{2})$ 是取决于方向向量的模的权重，其主要作用在于实现二阶的差分格式，在二维的 D2Q9 模型中 $w(1)=1/3$、$w(2)=1/12$，表示只有最临近的节点才会产生作用势。实际编程中只需要把式(2-33)的力代入作用力公式(2-10)中当作普通体积力施加即可。将式(2-33)做泰勒展开，其主要的前几项为

$$\boldsymbol{F}=-Gc^{2}\left[\psi\,\nabla\psi+\frac{1}{6}c^{2}\psi\,\nabla(\nabla^{2}\psi)+\cdots\right] \tag{2-34}$$

由式(2-34)可见，伪势的梯度构成了相间作用力 $\boldsymbol{F}$，这与物理中分子间作用势的梯度构成了相互作用力的概念类似。为了将不同的流体状态方程引入 NS 方程中，伪势 ψ 被如下定义：

$$\psi=\sqrt{\frac{2(p_{\mathrm{EOS}}-\rho c_{\mathrm{s}}^{2})}{Gc^{2}}} \tag{2-35}$$

式(2-35)中根号内正常情况下为正；p_{EOS} 表示热力学压力。例如 Carnahan-Starling(CS)的状态方程是按照如下公式定义的：

$$p_{\mathrm{EOS}}=\rho RT\,\frac{1+(b\rho/4)+(b\rho/4)^{2}-(b\rho/4)^{3}}{(1-b\rho/4)^{3}}-a\rho^{2} \tag{2-36}$$

式(2-36)中 $a=0.4963R^{2}T_{\mathrm{c}}^{2}/p_{\mathrm{c}}$，$b=0.18727RT_{\mathrm{c}}/p_{\mathrm{c}}$；$T$ 是温度，T_{c} 和 p_{c} 分别是临界温度和临界压力；R 为热力学常数。

而 Peng-Robinson(PR)状态方程定义为

$$p_{\mathrm{EOS}}=\frac{\rho RT}{1-b\rho}-\frac{a\rho^{2}\alpha(T)}{1+2b\rho-b^{2}\rho^{2}} \tag{2-37}$$

其中，$\alpha(T)=[1+(0.37464+1.54226\omega-0.26992\omega^{2})(1-\sqrt{T/T_{\mathrm{c}}})]^{2}$；$\omega$ 是偏心系数，对于水来说设为 0.344。$a=0.45724R^{2}T_{\mathrm{c}}^{2}/p_{\mathrm{c}}$，$b=0.0778RT_{\mathrm{c}}/p_{\mathrm{c}}$。

将式(2-35)代入式(2-34)，经过简单的代数运算，式(2-34)的第一项写为

$$-Gc^{2}\psi\,\nabla\psi=\nabla(\rho c_{\mathrm{s}}^{2}-p_{\mathrm{EOS}}) \tag{2-38}$$

将此作用力第一项引入所恢复的 NS 方程式(2-32)可见，原 NS 方程中

的单调压力项 $p=c_s^2\rho=\rho/3$ 变为 p_{EOS}，至此，NS 方程中所恢复的压力梯度项即是热力学压力项，符合牛顿流体的本构关系。引入热力学压力作用带来的好处是使得 LBM 在涉及传热与相变的方程中有了天然的优势。当加入能量方程时，LBM 能够很好地描述很多加热或冷却的问题，实际上 LBM 目前在例如相变、池式和流动沸腾、冷凝等方面已经得到了较多的应用[6-7,63,65]。这对于揭示热多相流中的气泡生成、聚并、破碎等行为提供了直观且方便的研究工具，并取得了与实验趋势相一致的沸腾曲线结果。

此外，为了实现可调节的表面张力及汽液密度比，通常需要在 MRT 的格式(2-7)中加上一项额外项 $\boldsymbol{Q}_{\mathrm{p}}$ 进行调节[73,75,125]：

$$\boldsymbol{m}^*(\boldsymbol{x},t)=\boldsymbol{m}(\boldsymbol{x},t)-\boldsymbol{S}\left[\boldsymbol{m}(\boldsymbol{x},t)-\boldsymbol{m}^{\mathrm{eq}}(\boldsymbol{x},t)\right]+\delta_t\boldsymbol{F}_{\mathrm{m}}(\boldsymbol{x},t)+\boldsymbol{S}\boldsymbol{Q}_{\mathrm{p}}(\boldsymbol{x},t) \tag{2-39}$$

其中，$\boldsymbol{Q}_{\mathrm{p}}$ 的定义为

$$\boldsymbol{Q}_{\mathrm{p}}=\left[0,Q_{\mathrm{p}_1},Q_{\mathrm{p}_2},0,0,0,0,Q_{\mathrm{p}_7},Q_{\mathrm{p}_8}\right]^{\mathrm{T}} \tag{2-40}$$

式中，Q_{p_1} 用来调节汽液密度比，Q_{p_7} 和 Q_{p_8} 则是用于调节表面张力，Q_{p_2} 在二阶展开式中并没有作用，但取为 $-Q_{\mathrm{p}_1}$ 以减少 Q_{p_1} 在更高阶上的影响。

$$\begin{cases} Q_{\mathrm{p}_1}=-Q_{\mathrm{p}_2}=3(k_1+2k_2)\dfrac{|\boldsymbol{F}|^2}{G\psi^2} \\ Q_{\mathrm{p}_7}=k_1\dfrac{F_x^2-F_y^2}{G\psi^2} \\ Q_{\mathrm{p}_8}=k_1\dfrac{F_xF_y}{G\psi^2} \end{cases} \tag{2-41}$$

注意式(2-41)中的 $\boldsymbol{F}$ 仅指伪势力，不包含其他的如重力等项。通过改变 k_1 和 k_2 的值可使 $1-6k_1$ 能用于调节表面张力大小，而 $\epsilon=-8(k_1+k_2)$ 则用于调节汽液平衡的界面力学条件以达到热力学一致。

通过类似 2.2 节的展开分析，将伪势力及额外调节项 $\boldsymbol{Q}_{\mathrm{p}}$ 代入分析则可以在二阶分析上得到：

$$\begin{cases} \partial_t\rho+\nabla\cdot(\rho\boldsymbol{u})=0 \\ \partial_t(\rho\boldsymbol{u})+\nabla\cdot(\rho\boldsymbol{u}\boldsymbol{u})=\boldsymbol{F}-\nabla\cdot\boldsymbol{E}-\nabla p+ \\ \nabla\cdot\left[\zeta\rho(\nabla\cdot\boldsymbol{u})\boldsymbol{I}\right]+\nabla\cdot\{\nu\rho\left[\nabla\boldsymbol{u}+(\nabla\boldsymbol{u})^{\mathrm{T}}\right]-(\nabla\cdot\boldsymbol{u})\boldsymbol{I}\} \end{cases} \tag{2-42}$$

$$\boldsymbol{E}=\begin{bmatrix} \dfrac{1}{6}Q_{\mathrm{p}_1}+\dfrac{1}{2}Q_{\mathrm{p}_7} & Q_{\mathrm{p}_8} \\ Q_{\mathrm{p}_8} & \dfrac{1}{6}Q_{\mathrm{p}_1}-\dfrac{1}{2}Q_{\mathrm{p}_7} \end{bmatrix} \tag{2-43}$$

由于表面张力涉及四阶导数项，因此需要对伪势力的高阶余项进行分析。对于伪势力的高阶作用力余项，需要认识到在所恢复的最终 NS 方程中，其作用力的高阶余项形式是由两处离散格式共同作用产生的，一是由式(2-33)与式(2-34)离散格式所产生的余项，二是由 LBM 中的体积作用力格式在查普曼-恩斯库格展开中的三阶上所产生的余项。由于 MRT 的特点，体积力在三、四阶上的余项并非主要作用，这会在第 4 章中进一步分析。

Shan 等通过展开分析[75,102]，给出了当系统处于热力学平衡条件下，汽液界面力学平衡的条件：

$$\int_{\rho_g}^{\rho_l}\left(p_{\mathrm{EOS}}-\rho c_s^2-\frac{Gc^2}{2}\psi^2\right)\frac{\psi'}{\psi^{1+\epsilon}}\mathrm{d}\rho=0 \tag{2-44}$$

这里 ϵ 可以调节力学平衡时汽液的密度比，使之符合状态方程所描述的满足麦克斯韦构造的理论解，当 $\boldsymbol{Q}_{\mathrm{p}}=0$ 时，$\epsilon=0$。ρ_l 和 ρ_g 分别表示平衡时的液态密度与气态密度。式(2-44)可以通过数值手段求解。

麦克斯韦等面积热力学构造方法，也称为“热力学一致性”(thermodynamic consistency)，代入具体的状态方程可以给出不同温度下的平衡态汽液密度：

$$\int_{\rho_g}^{\rho_l}\left(p_{\mathrm{EOS}}-\rho c_s^2-\frac{Gc^2}{2}\psi^2\right)\frac{1}{\rho^2}\mathrm{d}\rho=0 \tag{2-45}$$

若要让伪势力的平衡态力学条件等于通过麦克斯韦构建要求的条件，则要求：

$$\frac{\mathrm{d}\psi}{\psi^{1+\epsilon}}=\lambda_1\frac{\mathrm{d}\rho}{\rho^2} \tag{2-46}$$

式中，λ_1 为常数。要达到式(2-46)的要求，则伪势的形式必须为指数型密度函数，这既不符合真实流体多变的状态方程需求，也限制了所能达到的最大汽液密度比，还极大限制了原始伪势模型的应用范围。因此目前一般的方法是通过 Q_{p} 调节 ϵ 的方式使得两式的数值大致相同，同时使得各种状态方程(如 CS 方程等)也能符合热力学一致性条件。

基于 NS 方程求解的多相流方法如 VOF、Level-set、Front-tracking 等通常需要求解额外指标方程，并计算界面的曲线和法向，还要进行在界面插值等操作。基于 LBM 的伪势方法和自由能方法等则并不需要求解额外的界面方程，其界面分离的过程是在求解过程中自动实现的，也并不需要显式地去追踪和标记，且 LBM 格式的局部特性适于并行计算，求解速度也会较快。

2.4 LBM 中的单位转换

在实际基于 NS 方程的物理问题的数值模拟中,通常涉及的物体及流场都是使用国际单位制的(即 m,s,kg,K 等),网格宽度与计算时间步也都是基于此给出的。一般在程序中,会以特征长度、特征时间、特征质量、特征温度等来对所涉及的物理量进行无量纲化,以保证处理器在计算时的机器精度,基于实际物理单位有助于直观的理解数值结果。

而 LBM 是基于介观层面的粒子视角提出的,其长度、时间、质量等基本单位具有特殊性,例如在通常的模拟中单位长度 δ_x 和单位时间 δ_t 设为 1,这也是一个网格的宽度及一个时间步的时长;而黏性、表面张力等导出单位的数值也与实际物理量的值不相同甚至不在一个量级,通常称 LBM 下的单位为"格子单位"(lattice units,l. u.)。这里需要对 LBM 的所有物理量做单位转换,将其从 LBM 下的单位制转换到实际物理单位,这样就能理解其实际的物理状态。但是由于整个 NS 方程都可以无量纲化转化成无量纲方程,其参数都变为无量纲数,大多数流动中只要保证关键的无量纲准则数(如 *Re*、*We* 等)相同即可得到相似的流场。在这个指导思想下,实际上 LBM 模拟过程中也可以采用相似准则保证主要的准则数与问题相符即可,并不需要做单位转换使所有变量的值恢复到实际物理单位。

若确实要将 LBM 的格子单位转换为实际单位来研究结果,通常的做法有两种:一是通过 π 定理转换;二是通过对应态准则(principle of corresponding states)进行转换。一般来说,LBM 的网格宽度经过转换,约在 $10^{-6}\sim10^{-8}$ m 量级,而时间步长大约在 $10^{-6}\sim10^{-9}$ m 量级。本节采用第二种转换方法进行单位转换的说明。在 LBM 的多相流模拟中通常涉及特征长度 L 和网格宽度 δ_x,特征时间 t 和时间步长 δ_t,密度 ρ,特征速度 u,临界温度 T_c,压力 p,运动黏性系数 ν,表面张力 σ,重力加速度 G'。而对应的实际物理单位下的量则加下标 p 表示,并以下标 r 定义其相关的尺度比例或参考量,例如:

$$\nu_r=\frac{\nu_p}{\nu},\quad \mathrm{m^2/s} \tag{2-47}$$

$$u_r=\frac{u_p}{u},\quad \mathrm{m/s} \tag{2-48}$$

$$\sigma_r = \frac{\sigma_p}{\sigma}, \quad \mathrm{kg/s^2} \tag{2-49}$$

$$T_r = \frac{T_{c,p}}{T_c}, \quad \mathrm{K} \tag{2-50}$$

LBM 下的单位量纲统一用 l. u. 表示或不写，这不影响之后的单位转换分析。由于涉及的基本量纲只有四个，因此只有上述四个独立的尺度比例，其他单位的尺度比例可以通过这四个推导出来。例如长度比例可根据量纲分析得出 $L_r = \nu_r / u_r$，单位为 m；时间比例为 $t_r = \nu_r / u_r^2$，单位为 s；密度比例 $\rho_r = \sigma_r / (\nu_r u_r)$，单位为 kg/m³。

下面以一个实际的案例来作说明，当 $s_\nu = 1$ 时的黏性系数下各单位的转换如表 2.1 所示，可见此时一个格子的宽度为 2.70×10^{-7} m，一个时间步长为 6.75×10^{-9} s，这表示格子所模拟的空间和时间尺度都是非常小的。当需要模拟到宏观尺度(毫米量级及以上)，则需要大量的网格数和时间步数，这样庞大的计算量对目前的计算机而言是难以承受的。但如果采用相似准则，则并不需要大量网格去达到相应物理尺度，一般某类流动的主要准则数不超过三个，只需要保证三个及以内的准则数相同，便能得出相似的流场信息。

表 2.1　格子尺度与实际物理尺度转换表(高黏度)

格子量	格子数值	尺度比例	物理实际数值	物理单位
L	300	2.70×10^{-7}	8.10×10^{-5}	m
ν	0.1667	1.08×10^{-5}	1.80×10^{-6}	m²/s
ρ	0.45	4.04×10^{4}	1.82×10^{4}	kg/m³
u	0.050	40.00	2.00	m/s
σ	4.00×10^{-3}	17.50	0.07	kg/s²
G'	1.65×10^{-9}	5.93×10^{9}	9.80	m/s²
δp	0.0005	6.48×10^{7}	3.24×10^{4}	kg · m/s²
T_c	0.0472	1.37×10^{4}	647.43	K
δ_x	1	2.70×10^{-7}	2.70×10^{-7}	m
δ_t	1	6.75×10^{-9}	6.75×10^{-9}	s
Re	90	1	90	—
We	84	1	84	—

若是确实需要模拟尺度较大的流场并希望与实际尺度一致，可以通过调节关键参数以实现这个目的，如通过调节运动黏性系数、表面张力、适当

扩大速度或采用不同的状态方程，但是这几个参数的取值范围在 LBM 中会受到数值稳定性的限制。例如松弛因子 s_ν 取值越接近 2，则黏性越小，实际的物理网格宽度也就会越大，但计算过程也会因黏性的变小而极端不稳定。原始的 MRT 方法在 $s_\nu=1.9$ 左右就开始出现数值发散，这也会影响到 LBM 在高雷诺数案例下的可用性。而采用不同的状态方程及其系数可以很大程度改变密度、表面张力、饱和压力、临界温度的值，例如采用 Peng-Robinson(PR)状态方程时，典型的格子液体密度值就是 6 左右。由于格子单位下采用的状态方程数值与真实流体的状态方程参数值相差较大，目前研究对于状态方程在多相流中的具体作用及对应关系尚无定论。而 LBM 中的速度值也受到数值黏性、当地声速与稳定性的限制，一般不超过 0.3。

在表 2.2 中(低黏度下 $s_\nu=1.99$，$\nu=8.38\times10^{-4}$)，通过调节状态方程改变了典型的密度与压力的数值，可见网格宽度与时间步的实际物理数值增长了几个量级，300 个格子网格的计算域即可表示 32.2 mm 的实际长度，时间步长也变为 5.37×10^{-6} s，计算量处于可接受的范围；而表中物理实际数值一栏对应的是典型的水的物性，与众多实际实验采用的介质相同。

表 2.2 格子尺度与实际物理尺度转换表(低黏度)

格子量	格子数值	尺度比例	物理实际数值	物理单位
L	300	1.07×10^{-4}	3.22×10^{-2}	m
ν	8.38×10^{-4}	2.15×10^{-3}	1.80×10^{-6}	m^2/s
ρ	2.5	4.07×10^{2}	1.02×10^{3}	kg/m^3
u	0.10	20.00	2.00	m/s
σ	4.00×10^{-3}	17.50	0.07	kg/s^2
G'	2.63×10^{-6}	3.72×10^{6}	9.80	m/s^2
δp	0.0005	8.14×10^{4}	4.07×10^{1}	$kg\cdot m/s^2$
T_c	0.73	8.86×10^{2}	647.00	K
δ_x	1	1.07×10^{-4}	1.07×10^{-4}	m
δ_t	1	5.37×10^{-6}	5.37×10^{-6}	s
Re	35820	1	35820	—
We	1875	1	1875	—

可见 LBM 可计算的尺度并非仅限于介观层次，通过取一些较为极端的参数值，且利用图形处理器(graphics processing unit，GPU)的众核及 LBM 天然可并行计算的特点对其进行大规模并行计算，LBM 也有潜力直

接计算一些宏观尺度下的多准则数问题(如复杂的多相流运动过程)。实现此目的关键在于如何保证低黏性、低表面张力、高速度、高汽液密度比下 LBM 的数值稳定性及精度,而这也是本书后续章节所要着重解决的问题。

2.5　本章小结

本章主要介绍了 LBM 中多松弛方法的计算过程及其恢复宏观 NS 方程的数学物理过程,此外还介绍了本书主体工作中所用到的伪势多相流模型与 LBM 中的单位转换问题,通过数学推导明确了 LBM 背后的数学物理意义。

从 LBM 的提出和计算流程来看,其是基于粒子视角的一种流体计算方法,比传统 NS 方程基于流体微团的视角更小一层,这为其在介观层面上的分析带来了诸多优势,使其可以从分子动力学的角度以更低的视角构建各种模型。实际上早期 LBM 的多相流及作用力格式都是基于这种视角提出的,只不过学者们在最近的研究中通过严格的数学分析将其与宏观的方程统一起来,使得其模型更加的精确。尽管 LBM 背后的数学推导过程比一般的 NS 方程要更复杂一些,但其整个编程和计算的过程相比较而言却更为简单方便一些。此外由于局部求解和天然并行的优点使得 LBM 非常适合利用近年来迅速发展的大规模计算机集群,例如 GPU 加速下的 LBM 计算单相流在单块显卡上可以达到每秒更新约 12 亿网格数的速度(1200 million lattices update per second,MLUPS)[126]。且使用大规模 GPU 节点计算时只需要与相邻 GPU 节点交换计算域最边界一层的信息,这使得其在大规模并行计算时几乎没有太多的效率损失,因此 LBM 也具备直接计算多尺度复杂流场的潜力。

基于上述计算过程的 LBM 是近年来在应用案例研究上使用较多的成熟方法,其数值稳定性、格式精度、参数可调节性、实用性相比原始的单松弛 LBM 已经提升了很多,但横向比较于其他界面多相流方法如 Front-tracking、Phase field、VOF、Level-set 及其耦合方法来说,LBM 所能模拟到的参数极限仍然有一定差距,在前沿研究中作为多相流算法的优势并不明显。因此 LBM 需要进一步提高数值稳定性以保证其在极端参数案例下的可用性,拓展其模拟更多实际案例的能力。

第3章　LBM的不稳定性分析及限制器

第2章介绍了MRT-LBM多相流计算过程，在实际计算过程中（例如液滴对撞、液滴溅射、液滴碰壁等基本的多相流过程中），当涉及更高的雷诺数、韦伯数、汽液密度比、速度时，使用第2章的计算流程仍会遇到数值发散的问题，当然这也是现存的其他多相流方法在模拟极端参数下的复杂多相流界面时遇到的类似问题——无法很好地描述复杂碰撞下的形态演化。

在LBM的伪势多相流模型框架下，总会引入一些数值不稳定性，这些不稳定性会在多相流模拟的某些节点出现，进而由此波及全场，引起整个计算域的数值发散。本章通过逐一分析数值不稳定性源的成因，并提出相应的限制器或解决方法，以抑制在多相流模拟中产生的数值不稳定。3.1.1节讨论在界面附近伪势力造成的不稳定性；3.1.2节讨论伪势模型中正负号导致界面处伪势力不一致的原因；3.1.3节讨论在使用状态方程时由于密度波动导致的数值奇异性；3.1.4节讨论体积黏性在界面附近的稳定作用；3.1.5节讨论运动黏性值在液相与汽相之间的过渡方式。3.2节对3.1节中提出的不稳定性成因及解决方案进行了数值案例验证。本章对于数值不稳定性的探索也是之后提出稳定计算框架的基础和前期研究。

3.1　不稳定性成因及限制器

3.1.1　概率密度分布函数的正值性

在原始的玻尔兹曼方程中连续速度空间的$f(\boldsymbol{x},\boldsymbol{\xi},t)$或格子玻尔兹曼中的$f_\alpha(\boldsymbol{x},t)$都代表着概率密度分布函数，在物理学上和统计学上其值不能为负，不然就意味着某一位置的粒子数为负数。然而对于离散空间和时间之后的格子玻尔兹曼方程来说，在计算中仍然会有可能存在负的$f_\alpha(\boldsymbol{x},t)$，这是由于LBGK中平衡态分布函数有限截断，即MRT中不同平衡矩的定义造成的。例如当局部速度比较大的时候，给出平衡态概率密度分布函数就是负值。事实上在连续的速度空间、时间、位置空间运动中，以玻尔兹曼微分方程描述的微观粒子运动是不会出现负的概率密度分布函数的，这在物理上是可以理解的，其最小值应为 0，而出现负值的原因主要来源于离散格式的效应。

在伪势多相流模型中，这种情况会进一步加剧。伪势力是以体积作用力的方式施加到流体节点上的，对速度和对应方向的 $f_\alpha(\boldsymbol{x},t)$ 有直接影响。由式(2-9)对宏观速度的定义 $\rho\boldsymbol{u}=\sum_\alpha \boldsymbol{e}_\alpha f_\alpha+\frac{1}{2}\delta_t\boldsymbol{F}$ 可见，较大的作用力会直接影响速度大小，这会进一步使得计算域中出现负 $f_\alpha(\boldsymbol{x},t)$ 的可能性增加。而伪势力只出现在汽液界面之间，当流场运动时，若较大的 $\boldsymbol{F}$ 出现在接近汽相的密度值和 $f_\alpha(\boldsymbol{x},t)$ 都很小的节点，就会造成两者的数量不匹配，由动量-冲量关系，在碰撞步的时候就可以在数值计算的一个时间步内在此节点将与力方向相反的 $f_\alpha(\boldsymbol{x},t)$ 变为负值。例如此节点受到沿 y 正方向的较大的伪势力 $\boldsymbol{F}=(0,F_y)$，$\delta_t F_y\gg|u_y f_4|$，在碰撞步的时候节点的各 $f_\alpha(\boldsymbol{x},t)$ 会在节点内重新分配，由于质量守恒其总数不会减少，但沿 y 轴负方向的 $f_4(\boldsymbol{x},t)$ 就变为负值，以使得此节点局部动量沿 y 正向增加相应的冲量值。从离散时间步进行理解，这相当于传统 NS 方程中的 CFL 条件对时间步长的限制，当时间步 δ_t 过大时，作用力对于节点某个方向的粒子瞬间冲击过大，沿力方向过大的节点速度造成了负分布函数，若 δ_t 取值小一些(在 LBM 中通过增大黏性或调节 δ_t 来实现，可见第 2 章单位转换中关于实际时间步长与黏性的讨论)则可以使得此处粒子分布函数随时间逐渐演化，不至于在一个时间步内变为负数。当然在现实连续空间时间中，自然不会出现这种负分布函数的情况。

事实上 LBM 多相流绝大部分数值计算的发散点就是从界面附近发生并向全场扩散的。因此，在伪势多相流计算中常发生的数值发散可概括为三个阶段：

一是运动界面附近汽相节点由于时常出现的波动导致某时刻出现与当地节点不相符的较大伪势力，造成某方向负的概率密度。

二是这个负的概率密度会向其方向不断迁移，在持续不断的作用下，附近几个节点的密度值实际上是在不断减少的，进而可能最终产生负的密度值 $\rho=\sum_\alpha f_\alpha$ 或绝对值极小的密度值。由于负密度的出现，多相流计算的密度场又是连续变化的值，则会在由负值向正值过渡的某些区域出现密度绝对值极小的节点。

三是当绝对值极小的密度出现时，依据式(2-9)的 $\rho\boldsymbol{u}=\sum_\alpha \boldsymbol{e}_\alpha f_\alpha+\frac{1}{2}\delta_t\boldsymbol{F}$，且有 $\left|\sum_\alpha \boldsymbol{e}_\alpha f_\alpha+\frac{1}{2}\delta_t\boldsymbol{F}\right|\gg c_s|\rho|$，计算节点宏观速度时除以密度

后会产生一个数值非常大的异常速度值，会直接导致此处计算的平衡态概率密度分布函数等进一步异常，此时已经超出了 LBM 的计算限制，即发生数值发散并向周围节点扩散的问题。

从第 2 章可以见到，MRT 方程的推导过程中实际上存在 $O(u^3)$ 的数值误差项，于是对所能取的速度值存在限制（一般为 $u \ll c_s$）。而当上述负分布值以及极小密度值出现时，事实上经过式(2-9)除以密度算出的速度值可以很容易就超过 1，此时的误差项 $O(u^3)$ 将在 NS 中起到决定性作用，此误差倾向于减少数值黏性（见 5.3.3 节的剪切波流动案例）又将进一步加剧数值不稳定，导致整个计算偏差很大。而且可从 MRT 的作用力格式公式(2-10)中看出，作用力与速度是耦合在一起的，其高阶余项中也会因为较大的速度而产生较大的误差。

因此，无论是基于 $f_\alpha(\boldsymbol{x},t)$ 的原始物理意义，还是 LBM 数值计算格式的稳定要求，概率密度分布函数 $f_\alpha(\boldsymbol{x},t)$ 都应当在整个计算过程中保持其正值性。基于这个思想，本节将会在后面提出相应的限制器以达到此目的。

下面以一个平行相界面的数值案例进一步形象地说明这个问题。此处取一个计算域为 200×1000 的二维正交网格，四周为周期边界；初始化一个中心对称沿 y 方向变化的一维液相区，其两处平行的相界面分别在 $y=350$ 和 $y=650$ 处，相界面内部为液相区，其余区域则为汽相区。采用 $a=0.5$，$b=4$ 和 $R=1$ 的 CS 状态方程，且令 $\epsilon=0$，取平衡态温度 $T=0.78T_c$（这个温度下由于汽液密度比急剧变大，实际上很容易产生数值发散[97-98,109]）。根据汽液平衡密度解析式(2-44)可以得出此时的汽相平衡密度实际上是比较小的，初始化之后的波动就容易造成数值发散。在初始化并经过一段长时间计算后，图 3.1 展示了 $x=100$ 处的密度剖面图，可见 $y=355$ 的点为密度最低点，密度 ρ 为 0.001233，注意此处为一维对称界面，值沿 x 方向不变。在这一时间步沿 y 轴负向的 $f_4(x,y=355,t)$ 首先变为了负数，而这个值由上一步的 $f_4(x,y=356,t-\delta_t)$ 迁移而来。$f_4(x,y=356,t-\delta_t)=1.804\times10^{-4}$，而其对应的 $F_y(x,y=356,t-\delta_t)=5.588\times10^{-4}$，此时 $\delta_t F_y \gg |u_y f_4|$，这个反方向的冲击力使得碰撞后 $f_4^*(x,y=356,t-\delta_t)$ 变为负值并迁移到 $y=355$ 的节点。

上面案例展示的是初始化一段时间后波动出现的数值不稳定，下面再用一个初始化案例来进一步验证上述数值不稳定的直接成因，即极小密度值的出现是导致数值发散的直接原因。将平衡态温度选在 $T=0.9T_c$，这是一个非常稳定的状态，汽液密度比仅为 6，若初始汽液密度合适，则 LBM

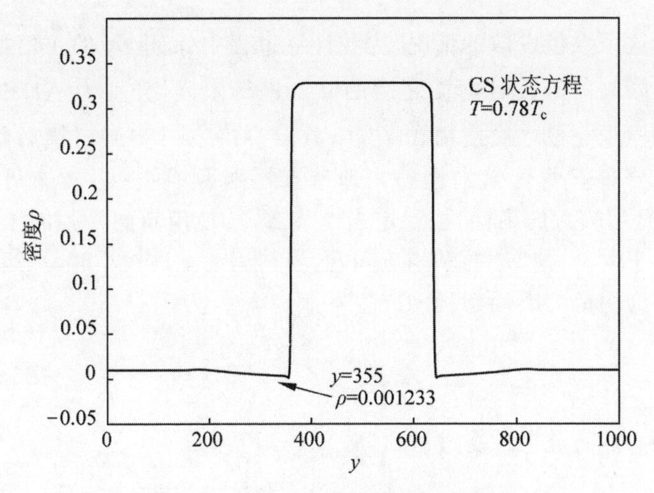

图 3.1　沿 $x=100$ 处的密度剖面图

可以轻松达到稳定的平衡态且不发散。此案例中将初始化液态密度选为正常的 $\rho_l=0.25$，但汽态密度选为一个极小的负值 $\rho_g=-0.00005$，正负密度在相界面连续过渡会产生绝对值极小的密度点，于是仅在初始化后第 20 个时间步时，就可以看到整个流场的 y 方向速度场变为图 3.2 中的情况，其界面附近的最高速度已经发展到 $u_y=2.73$，之后整个流场就会发散。这个数值实验直接验证了前述的 LBM 中多相流计算发散的原因，在极短的时间内界面附近就由于极小的密度值产生了异常的数值发散。

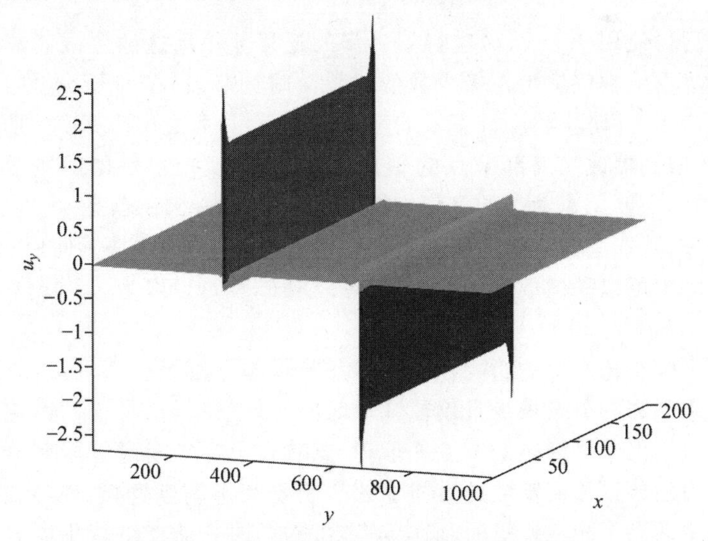

图 3.2　初始负密度下平行相界面 u_y 速度场

针对这个数值发散的情况，为在计算过程中保证 f_α 的正值性，本书提出了两个限制器函数对碰撞之后的 f_α^* 进行限制，分别为 A1 和 A2 限制器。在碰撞步完成之后使用式 $f_\alpha^*(\boldsymbol{x},t)=\boldsymbol{M}^{-1}\boldsymbol{m}^*$ 得到碰撞后临时分布，检查若有分布值小于 0，则调整当地节点松弛因子使用一个较小的 s_{e1} 和 $s_{\nu1}$（也就是用较大的黏性）去稳定当地节点，并使用新的松弛因子重做一次碰撞。对于大部分动态的多相流问题，当其运动黏性较小时，在运动过程中就容易因为伪势力的动态扰动产生发散。

$$\text{A1}:\boldsymbol{m}^*(\boldsymbol{x},t)=\begin{cases}\boldsymbol{m}-\boldsymbol{S}(\boldsymbol{m}-\boldsymbol{m}^{\mathrm{eq}})+\delta_t(\boldsymbol{I}-0.5\boldsymbol{S})\boldsymbol{F}_{\mathrm{m}}, & \forall\alpha\in\{0,1,\cdots,8\},f_\alpha^*(\boldsymbol{x},t)\geqslant 0\\ \boldsymbol{m}-\boldsymbol{S}_1(\boldsymbol{m}-\boldsymbol{m}^{\mathrm{eq}})+\delta_t(\boldsymbol{I}-0.5\boldsymbol{S}_1)\boldsymbol{F}_{\mathrm{m}}, & \text{其他}\end{cases} \tag{3-1}$$

这里 $\boldsymbol{S}_1$ 指的是新的松弛单位矩阵。实际上此处 $f_\alpha^*(\boldsymbol{x},t)$ 是 s_e 和 s_ν 的线性函数，可以根据各节点实际情况选取。若重碰撞之后的临时分布仍存在小于 0 的情况，可以采用 A2 限制器，对于小于 0 的分布值加上一部分值使其大于或等于 0：

$$\text{A2}:\tilde{f}_\alpha^*(\boldsymbol{x},t)=\begin{cases}f_\alpha^*(\boldsymbol{x},t), & \text{如果 } f_\alpha^*(\boldsymbol{x},t)\geqslant 0\\ \max\left(0,\dfrac{1}{9}\sum_{i=0}^{8}f_\alpha^*(\boldsymbol{x}+\boldsymbol{e}_i\delta_t,t)\right), & \text{如果 } f_\alpha^*(\boldsymbol{x},t)<0\end{cases} \tag{3-2}$$

之后再使用 $\tilde{f}_\alpha^*(\boldsymbol{x},t)$ 进行下一步的迁移。使用这两个限制器的情况在实际过程中都仅发生在极少数的相界面附近节点，在一开始就阻止数值发散的产生，并防止整个计算域的发散，是不会对大面积计算产生明显影响的。A1 限制器改变局部节点的黏性，但并不改变粒子碰撞的质量守恒和动量守恒，主要用于动态的多相流模拟之中；而 A2 限制器是一个强制的稳定性保障，其取值为 0 或周围 9 个点的均值，而对于判断是否使用 A2 的阈值在实际中可以稍微放宽一些，不仅可以取 0，也可以取为 $f_\alpha^*(\boldsymbol{x},t+\delta_t)<-|\rho(\boldsymbol{x},t)/9|$。

两个限制器产生的影响在动态多相流模拟中都是轻微的，一是因为需要使用限制器的节点极少且仅需几个时间步，二是其所带来的影响会在之后迅速被周围未受影响的节点耗散掉，其物理意义即是通过限制器防止相间作用力的冲量作用造成此方向上的粒子数为负。这两个限制器在稳定具有波动的动态多相流计算时是比较有效的，同时它们能维持更低温度和更大汽液密度比下的数值模拟。对于某些具有较大冲击作用力、黏性和表面张力都非常低的情况(即有可能会在较多节点发生概率密度变负时),这两个限制器也不能很好地维持稳定。需要注意的是,在之前的研究中,Brownlee 等[80-81]在研究基于熵 LBM 类格式时,基于分子自由程概念提出了耗散和非耗散化的稳定手段,其中使用熵限制器将超过确定阈值的分布函数强制正则化思想也与本节提出的稳定限制器类似。

3.1.2　伪势梯度在界面的一致性

在伪势 ψ 的定义式(2-35)中可见,其是在根号下的函数,在之前的文献[73,95,101]中仅提及需要将参数 G 设为 -1,以确保根号内为正,以保证计算合法,并使伪势力的方向正确。然而此方法却未完整确保伪势力在整个参数范围内的正确性,具体原因见如下分析。首先定义一个临时量:

$$\phi = \frac{2(p_{\mathrm{EOS}} - \rho c_s^2)}{Gc^2} \tag{3-3}$$

采用 $a=0.5, b=4, R=1, G=-1$ 的 CS 状态方程,将其在 $T=0.6T_c$ 下 p 和 ϕ 关于比体积 v 的图画出。可见图 3.3 中液体压力较大时 ϕ 为负数,说明在可取的参数范围内 ϕ 并不是永远为正数的,这意味着仅取 $G=-1$ 并不能保证根号内的符号一直为正。此外 Khajepor 等[127]在范德瓦耳斯类状态方程中还发现在汽相和液相中都会出现反号的情况。根号内求负数的操作会在实际计算中立即产生数值异常,但是即使在伪势定义中将根号内强行定义为绝对值也未能正确恢复伪势力与热力学压力。

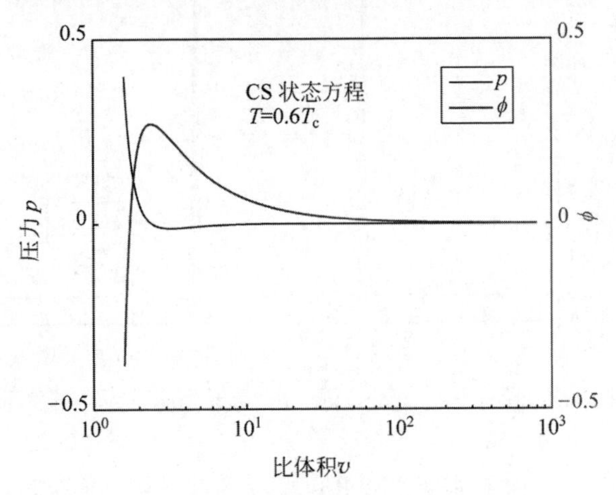

图 3.3　p 和 ϕ 关于比体积 v 的变化(前附彩图)

从式(2-34)中可见，伪势力的第一项实际上要恢复的是式(2-38)所示的项，即$\nabla(\rho c_s^2 - p_{\mathrm{EOS}})$，从而恢复正确的热力学压力，而力的正负方向应该始终与ϕ的梯度一致。于是此处需要定义一个符号函数：

$$h(\boldsymbol{x}) = \mathrm{sgn}(\phi) = \begin{cases} 1, & \phi \geqslant 0 \\ -1, & \phi < 0 \end{cases} \tag{3-4}$$

且将伪势重新写为

$$\psi = \sqrt{|\phi|} \tag{3-5}$$

考虑原来伪势力式(2-33)的泰勒展开实际上是用到了周围8个点的伪势，而其本地节点的伪势$\psi(\boldsymbol{x})$并未参与梯度的计算，所以其符号应该为正。而求和符号内的相邻节点伪势$\psi(\boldsymbol{x}+\boldsymbol{e}_\alpha)$的正负号应该与$\phi$相同才能恢复正确的伪势力方向，因此有伪势力的改进式：

$$\boldsymbol{F} = -G\psi(\boldsymbol{x})\sum_{\alpha=1}^{8} w(|\boldsymbol{e}_\alpha|^2)h(\boldsymbol{x}+\boldsymbol{e}_\alpha)\psi(\boldsymbol{x}+\boldsymbol{e}_\alpha)\boldsymbol{e}_\alpha \tag{3-6}$$

G仍然可以取为-1。采用图3.3中同样的状态方程，在此实际模拟一个类似3.1.1节中的平行相界面案例。将其初始密度设为$\rho_l = 0.5882$和$\rho_g = 0.003406$，液相初始密度略大于平衡态液相密度，将其沿y方向变化的ρ，ψ和ϕ剖面图画出如图3.4，可见此时计算域中存在$\phi < 0$的区域，而ψ由于取绝对值一直为正。

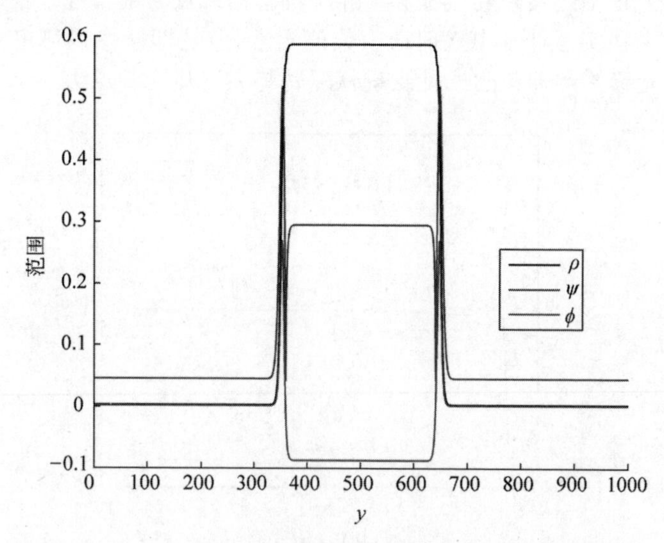

图3.4　$0.6T_c$时ρ，ψ和ϕ沿y方向变化剖面图(前附彩图)

下面将原始伪势力公式与此处提出的公式做直观对比，使用原始伪势力公式计算得出的相间力分布如图3.5所示，注意此处伪势作用力格式中ψ采用的是绝对值定义式(3-5)。当其相界面遇到负ϕ时，在相间会出现一小段异常的作用力，正负方向与ϕ的梯度方向并不一致，因此不能正确恢复热力学压力项，与正常情况下的定义不符；采用改进伪势力公式(3-6)计算出的伪势力分布如图3.6所示，其力的正负方向与ϕ的梯度方向完全一致，证明其在相间正确恢复了热力学压力，与正常情况下的定义一致。

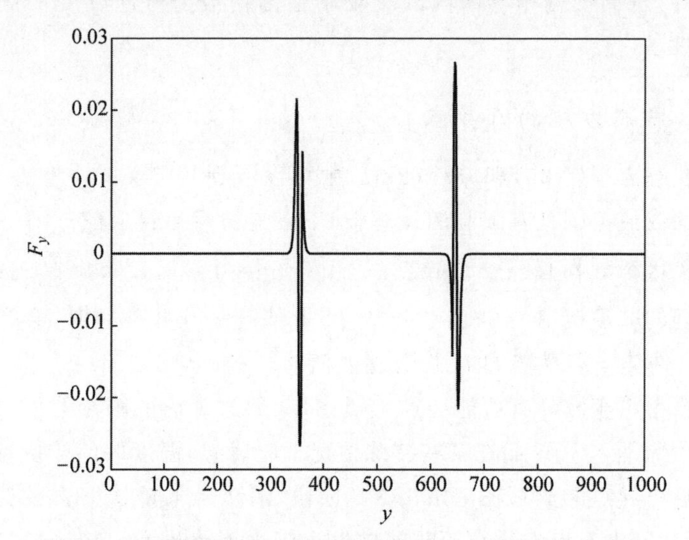

图3.5　原始伪势作用力格式算出的沿y方向的伪势力分布

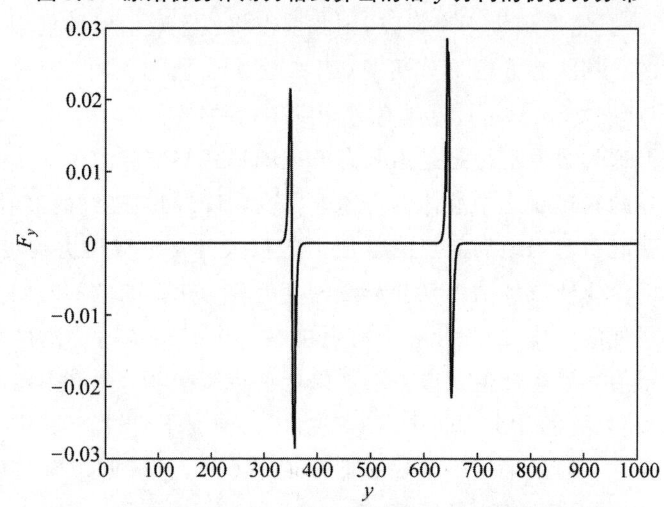

图3.6　改进伪势作用力格式算出的沿y方向的伪势力分布

至此可以证明采用改进的伪势作用力格式公式(3-6)可以使得伪势模型在某些特殊情况下仍然能够取得与正常情况一致的伪势力,保持了全参数范围内的物理一致性。这对于改善计算的稳定性有很大好处,由于动态多相流处于不断的波动之中,并且当初始化液滴处于非平衡态或遇到液滴碰撞、液滴碰壁时会使液态密度产生短暂波动,这就极有可能遇到本节所述的情况。而改进的伪势力公式将恢复正确的热力学压力、表面张力等,进而使得相界面内的流场不会因伪势力方向突变而产生流动不稳定性。

3.1.3 状态方程的奇异点

从状态方程(2-36)和方程(2-37)中可以看到其定义式中存在奇异性,即密度的取值范围是有限制的。对于CS状态方程来说取值范围是$0\leqslant\rho<4/b$;PR状态方程有三个奇异点:$-1/\left[(\sqrt{2}+1)b\right]$,$1/b$,$1/\left[(\sqrt{2}-1)b\right]$,而其合理的取值范围为$0\leqslant\rho<1/b$。当取值越过这些参数时,会产生异常的$p_{\mathrm{EOS}}$、伪势$\psi$与伪势力$\boldsymbol{F}$并引起数值计算的异常。3.1.2节提到,多相流的计算中由于波动有可能会产生负密度,通过提出的限制器可以保证在大多数情况下$\rho\geqslant0$。而在某些特殊情况下(例如当温度取值较低且液相密度较接近奇异点的值),在初始化流场阶段、液滴高速撞击过程、水锤等场景下,液相的密度有可能会在短时间内发生较大变化进而出现密度值大于奇异点的值,一旦密度值大于奇异点,则此节点将发生数值发散且不可逆转地向全场扩散。从状态方程形式可见,当参数a取值越大时,其液体声速越大(液体声速$c_1\propto\partial p_1/\partial\rho_1$),就越有可能发生这种情况。

实际上这类数值不稳定是由状态方程的形式与离散的时间步共同造成的。在实际的物理状态中液体的声速非常高,且时间是连续的,轻微的液体密度变化就能引起当地局部热力学压力的极大变化形成压力梯度,进而在极短的时间内驱使流场的流动并形成密度的均匀化。离散的时间步并不能描述这么短促的变化,因此计算中有可能在一个时间步内就使得密度越过奇异点的限值而发生数值发散。但如果能够将其密度值强制限值在奇异点以下,则会在之后的几个时间步内实现由压力梯度驱动的流动,进而使计算过程恢复正常。此处采用一个限制器B在式(2-9)计算宏观量之后检查限值宏观密度值,对于CS状态方程有:

$$\hat{f}_\alpha(\boldsymbol{x},t+\delta_t)=\begin{cases}\dfrac{4f_\alpha(\boldsymbol{x},t+\delta_t)}{\rho(\boldsymbol{x},t+\delta_t)(b+\sigma_\mathrm{b})}, & \alpha\in\{0,1,\cdots,8\}\text{,如果}\\ \rho(\boldsymbol{x},t+\delta_t)>\dfrac{4}{b+\sigma_\mathrm{b}} & \\ f_\alpha(\boldsymbol{x},t+\delta_t), & \text{其他}\end{cases}\tag{3-7}$$

σ_b 是一个小量,比如可以取为 0.001。此外令新的密度为

$$\hat{\rho}(\boldsymbol{x},t+\delta_t)=\begin{cases}\dfrac{4}{b+\sigma_\mathrm{b}}, & \text{如果 }\rho(\boldsymbol{x},t+\delta_t)>\dfrac{4}{b+\sigma_\mathrm{b}}\\ \rho(\boldsymbol{x},t+\delta_t), & \text{其他}\end{cases}\tag{3-8}$$

若下一步的密度超过了奇异点值,则采用两个修改后的 $\hat{f}_\alpha$ 和 $\hat{\rho}$ 再计算一次对应的速度值 $\boldsymbol{u}$,并使用这些新的值进行下一步的推进计算。

需要说明的是,由于实际中发生这个特殊情况的概率比较小,限制器 B 在实际情况中仅仅出现在极少数密度发生较大波动的时间点和位置,且仅使用一次之后此节点的密度就会迅速回到正常范围内,并不会对整个流场产生明显的影响,但其却能在最开始的时候阻止数值发散,使得整个流场可以继续计算下去。

使用上述限制会在某些节点产生质量不守恒,尽管其影响并不大,但是为保证质量守恒,此处也可以采用另一种方案,即通过对状态方程改写使其成为分段函数,将越过限值的密度对应的热力学压力直接定为一个常数:

$$p_\mathrm{EOS}=\begin{cases}\text{正常 CS 或 PR 方程计算值}, & \rho\leqslant\dfrac{4}{b+\sigma_\mathrm{b}}\\ p_\mathrm{EOS}\left(\rho=\dfrac{4}{b+\sigma_\mathrm{b}},T\right), & \rho>\dfrac{4}{b+\sigma_\mathrm{b}}\end{cases}\tag{3-9}$$

这样既能避免热力学压力计算越过奇异点产生异常压力,又保证了质量守恒,相当于采用了一个修正的状态方程。

3.1.4 体积黏性系数的稳定作用

宏观的 NS 方程为可压缩方程,而在计算低速、低密度和温度变化不大的流场时,由于库仑数限制,为了将计算时间步控制在可接受范围内,通常将 NS 方程简化为不可压的控制方程。不可压流体的实质定义为 $\nabla\cdot\boldsymbol{u}=0$,其物理意义为流体微团的相对体积膨胀率为 0,这是一种理想的近似。事实上,流体在实际运动中都会存在或多或少的可压效应,对于存在相变的多相流尤其如此,其相界面上汽液之间的转换很明显就存在较大密度变换和相对体积变化的过程。

当存在热过程的时候,可压缩效应尤其需要注意,此时即使流体在低速下也是可压的,密度变化是由热变化而非流动引起的,即所谓“低马赫数可压缩流动”(low Mach number compressible flow)[128],例如内燃机、脉冲制冷剂等。

在实际物理中,汽液相界面厚度一般为纳米量级,相对于液滴尺寸来说是较小的,当温度压力越接近临界点则相界面越厚,最终越过临界点后只存在一相。一般 VOF 及 Level-set 等数值方法采用密度间断来描述相界面,而像 Phase field、LBM 等方法则采用扩散界面来描述相界面厚度。计算中相界面密度是连续变化的,通常需要 4~10 个网格来描述整个相界面密度变化,连续的变化符合真实物理,但其网格厚度相对来说比真实相界面仍然厚很多。因此在 LBM 的多相流模型中,尽管大多数运动并不伴随着高速度,但实际上相界面间是存在着描述相变过程的可压缩运动的,可压缩效应在数值计算中的作用需要慎重考虑,因此体积黏性在计算中会影响计算的稳定性。同时从第 2 章式(2-41)可以见到,MRT-LBM 恢复的是一个带误差余项的完整可压 NS 方程,在单相不可压流场计算中,其存在微弱的可压误差,类似求解 NS 方程的人工压缩算法。

在第 2 章中推导的二维 NS 动量方程可以写为

$$\partial_t(\rho\boldsymbol{u})+\nabla\cdot(\rho\boldsymbol{u}\boldsymbol{u})=\boldsymbol{F}-\nabla p+\nabla\cdot\left[(\mu_{\mathrm{b}}-\mu)(\nabla\cdot\boldsymbol{u})\boldsymbol{I}\right]+\nabla\cdot\left\{\mu\left[\nabla\boldsymbol{u}+(\nabla\boldsymbol{u})^{\mathrm{T}}\right]\right\} \tag{3-10}$$

若对于三维来说则式(3-10)右边第三项为$\nabla\cdot[(\mu_{\mathrm{b}}-2\mu/3)(\nabla\cdot\boldsymbol{u})\boldsymbol{I}]$。$\mu=\nu\rho$ 被称为“动力黏性系数”或“剪切黏性系数”,$\mu_{\mathrm{b}}=\zeta\rho$ 被称为“体积黏性系数”。μ_{b} 实际上反映的是可压缩效应,即由于体积变化引起流体微团上受到的各向同性黏性应力偏离热力学压强的部分。当存在相间节点的相对体积变化时(散度不为零),体积黏性体现了一种各向同性的内部阻尼摩擦力,这种摩擦力来源于流体间的黏性。在 LBM 的多相流计算中相界面附近会出现散度不为零的情况,此时体积黏性的作用就在于稳定相界面区域,体积黏性的摩擦力有助于衰减相界面中出现的异常高速度,使得模拟不会随较大的相界面速度发散,较大的体积黏性也有助于压制相界面附近异常的伪速度流(spurious velocity)。

测量体积黏性比测量剪切黏性要更为困难,Cramer[6]通过已发表的松弛时间数据对理想气体、双原子气体和水的体积黏性进行了数值评估,指出许多气体的体积黏性是其动力黏性的几百倍甚至几千倍,而水的体积黏性是动力黏性的五倍到几十倍。在 Li 和 Fan 的研究中[129]发现调整 s_e 和 s_q 能够抑制伪速度流使其更快达到收敛。也有一些文献确认通过调节自由参

数 s_e、s_ζ 和 s_q 使得 MRT 比单松弛 LBGK 有更好的稳定性，但文献[8,64,73,129]中仅将它们当作自由参数而随意调节。通过本节分析可知，将体积黏性系数设为动力黏性的几倍到几十倍有助于稳定 LBM 相界面附近的计算，其可以在界面附近加入各向同性的黏性摩擦力去阻尼衰减动态的相间作用力造成的异常速度。需要说明的是，调节体积黏性大小基本上不会影响多相流动的流型与演化，其并不像动力黏性那样能直接影响到雷诺数等准则数。

3.1.5　沿相界面变化的运动黏性

在 LBM 多相流模型提出的很长一段时间里，很多研究都通过 s_ν 将整个流场设为统一的运动黏性系数，而由于汽液密度的差异，在较大的密度比下汽相和液相的动力黏性将等于汽液密度比($\mu_1/\mu_g=(\rho_1/\rho_g)/(\nu_g/\nu_1)$)，这使得相界面附近出现急剧变化的黏性应力张量，并造成数值不稳定。参照实际流体的物理量，Li 等[64,73]使用密度作为序参数，采用线性关系或分段函数关系定义相界面间的运动黏性，这对于多相流的稳定有较好的效果，且能够模拟到更低的温度和更大的汽液密度比。

但在伪势模型中，稳定性与伪势力和相界面内的速度息息相关。观察伪势力在 NS 中出现的形式与黏性应力的形式可发现，其随空间位置微分变化的对应关系，即 μ 与 ψ^2 都是处在一阶空间微分号之内的，为使黏性系数与相间作用力沿空间变化的趋势一致(即较小的伪势力采用较小的黏性应力去衰减其带来的影响)，应该采用 ψ^2 作为黏性系数变化的序参数：

$$\mu=\mu_1\frac{\psi^2-\psi_g^2}{\psi_1^2-\psi_g^2}+\mu_g\frac{\psi_1^2-\psi^2}{\psi_1^2-\psi_g^2} \tag{3-11}$$

$$\mu_b=\mu_{b,1}\frac{\psi^2-\psi_g^2}{\psi_1^2-\psi_g^2}+\mu_{b,g}\frac{\psi_1^2-\psi^2}{\psi_1^2-\psi_g^2} \tag{3-12}$$

同样的，μ_b 应大于 μ，可令 $\mu_b\approx 50\mu$。参照 3.1.4 节对黏性的讨论，实际数值计算中采用这个形式的相间黏性过渡方案可以在 LBM 多相流计算中取得很好的稳定性。

而在本书工作前期研究中[130]，也有另一种以密度为序参数的相间黏性过渡方案，其在实际测试中也取得了较好的结果，但不如式(3-11)和式(3-12)稳定：

$$\nu = \frac{\nu_g + \nu_l}{2} - \frac{\nu_g - \nu_l}{2} \tanh\left[\frac{2\left(\rho - \frac{\rho_l + \rho_g}{2}\right)}{\rho_l + \rho_g}\right] \tag{3-13}$$

3.2 数值案例稳定性验证

3.1 节中论述了 LBM 多相流模拟中存在的各种不稳定性成因，并提出了相应的解决方案。本节将对这些解决方案采用实际的数值案例进行验证(包括平行相界面、静态液滴、动态液滴溅射等案例)，证明当采用这些稳定化方案时对数值模拟稳定性可以带来提升并能够模拟到更高的参数。

3.2.1 静态平行相界面案例

此处采用与 3.1.1 节相同配置的平行相界面 200×1000 二维计算域，相同参数的 CS 方程。这里取 $s_\rho = s_j = 1.0$，$s_\nu = 1.25$，对应的运动黏性为 $\nu = 0.1$。采用此案例说明在各种极端条件下提高的数值稳定性。初始化平行相界面采用如下定义的密度场：

$$\rho(x, y) = \frac{\rho_l + \rho_g}{2} - \frac{\rho_l - \rho_g}{2} \tanh\left[\frac{4(|y - y_{\text{centre}}| - r_0)}{W}\right] \tag{3-14}$$

这里 ρ_l 和 ρ_g 表示初始化的液相和汽相密度；$W=20$ 是初始相界面宽度；$r_0=150$ 是液体区半宽度；$y_{\text{centre}}=500$ 是液区中心处。对于此案例，设置了初始化流场并经过一段时间迭代计算达到平衡态后，其汽液密度、相界面宽度等会自发达到平衡态下的数值，由伪势模型中的参数控制。初始速度为零，初始概率密度分布函数采用由密度和速度计算出的平衡态值。

3.2.1.1 A2 限制器与大体积黏性的稳定性

在第 2 章提到，依据麦克斯韦热力学等面积法则，可以仅由状态方程即可求出在平衡态下，平行相界面的汽液密度分布。然而由于伪势模型的力学稳定条件(式(2-44))的限制，不能天然地在实际数值计算中恢复正确的汽液密度，需要通过调节 ϵ 数值的方法让数值结果近似达到麦克斯韦构造的效果，且模拟温度越低则汽液密度比越大。在模拟平行相界面案例中达到平衡态的汽液密度就是解析式(2-44)给出的结果，但随着参数 ϵ 的不同，力学平衡条件具有最低温度限值，低于此温度限值时，式(2-44)不存在解析解，在实际数值模拟时，达到此温度限值之下就会发生数值发散。对于 $\epsilon=$

0，其最低温度限值为 $0.761T_c$；对 $\epsilon=1$，其最低温度限值为 $0.650T_c$。在之前的很多研究中都发现若使用 $\epsilon=0$ 的原始伪势模型，当模拟的温度接近最低限值附近时就会发生数值发散，且由于初始化的密度波动，甚至不能完全在最低温度限值处达到平衡态。

在此平行相界面案例中令 $\epsilon=0$，$T=0.75T_c$ 进行模拟，也就是说此时暂不采用第 2 章中的额外项 $\boldsymbol{Q}_p$ 调节汽液密度比。可知初始化液相和汽相密度分别为 0.35 和 5×10^{-4}，$s_e=s_\zeta=s_q=1.1$，$\mu_b/\mu=1.36$。此时模拟温度已经低于温度限值 $0.761T_c$，处于之前研究认为数值必然发散的范围，若仅采用第 2 章所述的原始 MRT 流程，在未达到稳定平衡态之前计算就已经发散了。而此处采用了 A2 稳定化限制器，在经过 10^5 时间步计算后得到的平衡态汽液密度比约为 5602，其密度沿 y 方向的分布如图 3.7 所示，相界面密度呈现尖锐突变状且分辨率较高，这也进一步说明提出的稳定化限制器对于防止 LBM 数值发散起到了重要作用。

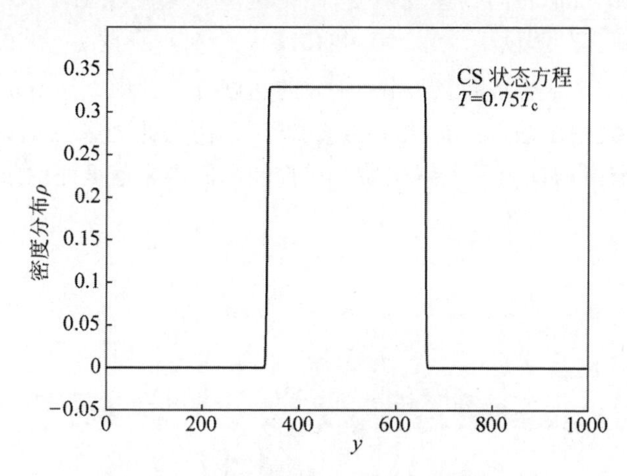

图 3.7　$x=100$ 处的平行相界面密度分布

由此可见 A2 限制器具有较强的稳定性，即使在这样长时间有数值发散趋势的情况下也能一直维持界面附近的数值稳定，而大多数的动态多相流是在最低温度限值之上模拟的，仅在某些时刻会由波动在某些节点上带来短时的数值不稳定性扰动，因此 A2 限制器将在动态模拟时表现得更好。而主要方向的速度 u_y 分布如图 3.8 所示，可见此时 A2 限制器虽然强行在最低温度限值之下维持了模拟稳定，使得计算不发散，但其对应的相间异常速度却比较大，u_y 最大值达到了 1.566 左右，而 u_x 最大值仅为 5×10^{-4}。

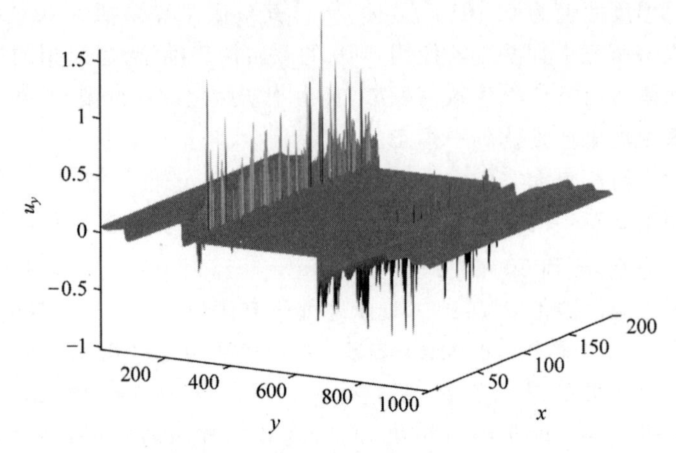

图 3.8　使用 A2 限制器后的 u_y 分布

为抑制出现的相间伪速度幅度，此处进一步采用 3.1.4 节中提到的方法去稳定相间速度，设 $s_e=s_\zeta=0.064516$，$s_q=0.8$，此时 $\mu_b=50\mu$。同样经过 10^5 时间步达到稳态后，得到的 y 方向速度分布如图 3.9 所示，此时相间伪速度已被大幅压缩，u_y 最大值为 0.3675。注意此处采用的是原始伪势模型 $\epsilon=0$，该案例说明了大体积黏性在抑制相间异常速度时的重要作用。

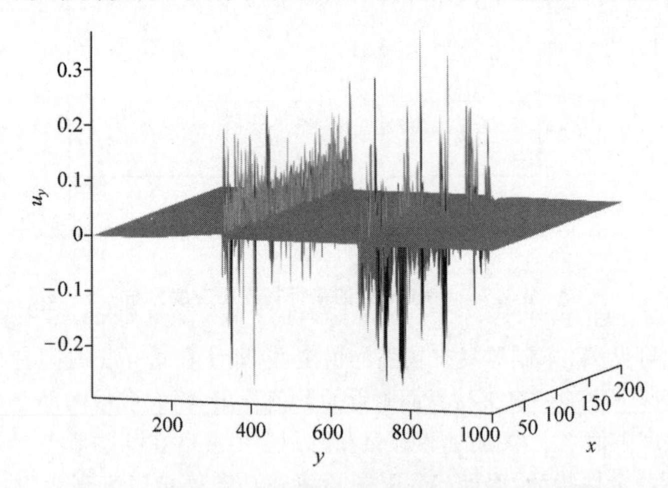

图 3.9　使用 A2 限制器和大体积黏性后的 u_y 分布

该静态算例证明了在 3.1.1 节和 3.1.4 节中所述的稳定化方案的效果，A2 限制器虽然在相界面的汽相附近节点（其密度和动量都很小）轻微地违背了质量守恒和动量守恒，却保证了整个计算不发散。而大体积黏性正如预期的那样，在遇到不规则的相间伪速度时，其各向同性的黏性摩擦力能有效衰减伪势力带来的相间速度，并保持整个计算的稳定。在之后的动态液滴案例中将继续证明上述稳定化方案在动态多相流中的作用。

3.2.1.2　热力学一致性

此节需要验证的另一个问题是，由于轻微违反了质量守恒的准则，限制器A2的使用是否会改变由式(2-44)确定的平衡态汽液密度分布。通过一些微分代数运算，式(2-44)在$\epsilon=0$和$\epsilon=1$时可分别写成

$$\epsilon=0:\quad (p_0-\rho c_s^2)\ln\psi\Big|_{\rho_g}^{\rho_l}-\frac{Gc^2}{4}\psi^2\Big|_{\rho_g}^{\rho_l}+\int_{\rho_g}^{\rho_l}c_s^2\ln\psi\,\mathrm{d}\rho=0 \tag{3-15}$$

$$\epsilon=1:\quad (p_0-\rho c_s^2)\left(-\frac{1}{\psi}\right)\Big|_{\rho_g}^{\rho_l}-\frac{Gc^2}{2}\psi\Big|_{\rho_g}^{\rho_l}+\int_{\rho_g}^{\rho_l}c_s^2\left(-\frac{1}{\psi}\right)\mathrm{d}\rho=0 \tag{3-16}$$

通过式(3-15)和式(3-16)可以求出在不同温度下的平衡态汽液密度ρ_l和ρ_g。图3.10展示了由上述两式求出的结果，纵坐标为约化温度$T_r=T/T_c$，$\epsilon=0$和$\epsilon=1$时的平衡态下汽液相密度分布的最低温度限值分别是$0.761T_c$和$0.650T_c$。

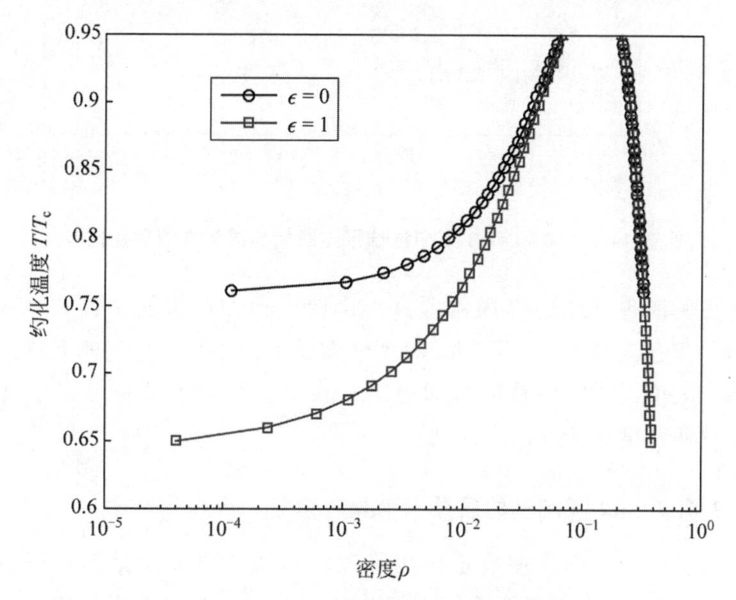

图3.10　$\epsilon=0$和$\epsilon=1$下由力学稳定条件解析式给出的汽液密度

实际采用平行相界面进行模拟，在最低温度限值附近取几个点的算例进行计算，得出 $\epsilon=0$ 和 $\epsilon=1$ 的平衡态下汽液相密度分布，并将其与解析式结果对比，如图 3.11 所示。各温度下的模拟需要使用 A2 限制器防止初始化到平衡态时的数值发散，尤其是靠近温度限值的点，而达到稳定平衡态后就不需要使用 A2 限制器了。其中 $\epsilon=0$ 和 $\epsilon=1$ 各有一个模拟温度点（$0.755T_c$ 和 $0.645T_c$）在最低温度限值之下（也在实线所标记的解析解范围之外），此时即使达到稳定平衡状态也仍然一直需要 A2 维持数值稳定。由图 3.11 可见，即使在这个时候模拟结果仍然能够很好地延续解析解给出的趋势。

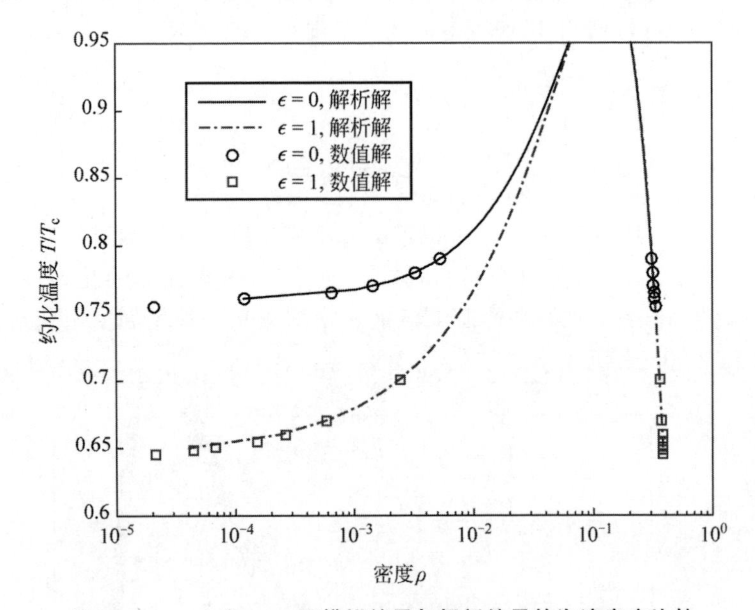

图 3.11 $\epsilon=0$ 和 $\epsilon=1$ 下模拟结果与解析结果的汽液密度比较

该案例说明，使用 A2 限制器并不会改变由力学平衡条件式(2-44)所确定的平衡态汽液密度。且即使温度略微低于力学平衡条件所允许的最低限值，A2 限值器也能保持数值的稳定且在一定程度上外推并延续合理的平衡态汽液密度比。

3.2.1.3 A2 限制器的质量和动量守恒性

前面提到，A2 的强制稳定作用是以轻微的质量和动量不守恒为代价的，这个影响的大小仍需要进行定量化的研究。本节仍以平行相界面案例来研究这个问题。正如 3.2.1.2 节所提到的，温度低于最低限值的案例是一直需要 A2 限制器来维持稳定的；而温度高于最低限值的案例仅在初始化到平衡态期间有可能需要 A2 限制器来防止初始化流场带来的动态波动不稳定。A2 限制器实际上相当于在某些相界面附近的失效点临时加上了一些既定方向的粒子，如果 A2 限制器对于整个流场的密度守恒有显著影响，那么在静态相界面经过长时间计算后，由于质量累积液相区将变大，会对平行相界面造成可观察的向外扩张效应。

此案例的 $\epsilon=0, s_e=s_\zeta=0.064516, s_q=1.99$，取靠近零点一侧的相界面跟踪分析，相界面的位置定义为 $(\rho_l+\rho_g)/2$，在 $y=350$ 附近。取七个温度值进行 2×10^5 时间步模拟，其对应的最低温度限值为 $0.761T_c$。图 3.12 显示的是四个低于温度限值的案例，它们都需要一直使用 A2 限制器才能维持稳定。对于 $0.750T_c$ 和 $0.755T_c$ 这两个轻微低于温度限值的案例，其相界面在长时间演化下基本保持不变，说明 A2 限制器此时对流场的质量守恒影响非常小，基本可以忽略。当温度偏离最低限值越大时，A2 限制器需要付出的代价就越大，$0.700T_c$ 的案例就出现了明显的相界面持续偏移，而温度更低的 $0.600T_c$ 则有更大的相界面偏移，即使数值模拟被强行稳定，这两个案例也出现了明显的质量、动量不守恒问题。图 3.13 显示了三个高于温度限值的案例，经过初始化后，其相界面一直静止在固定位置未发生持续偏移。对于这个算例来说，静止的相界面不仅意味着质量守恒，也意味着相界面及整体流场都没有移动(即动量守恒)。

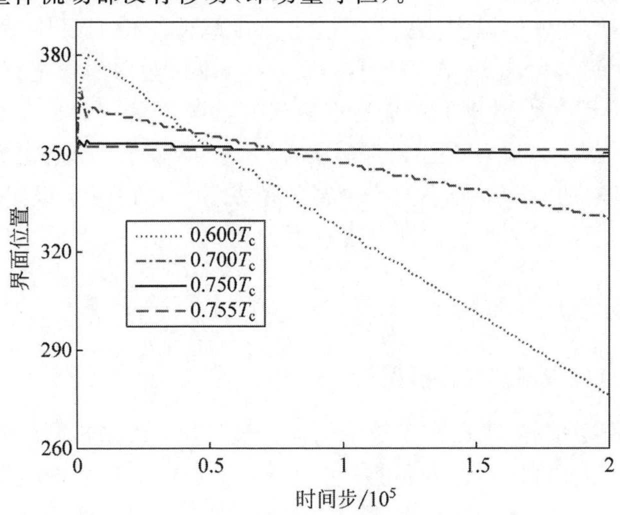

图 3.12　低于温度限值的相界面位置随时间步变化情况

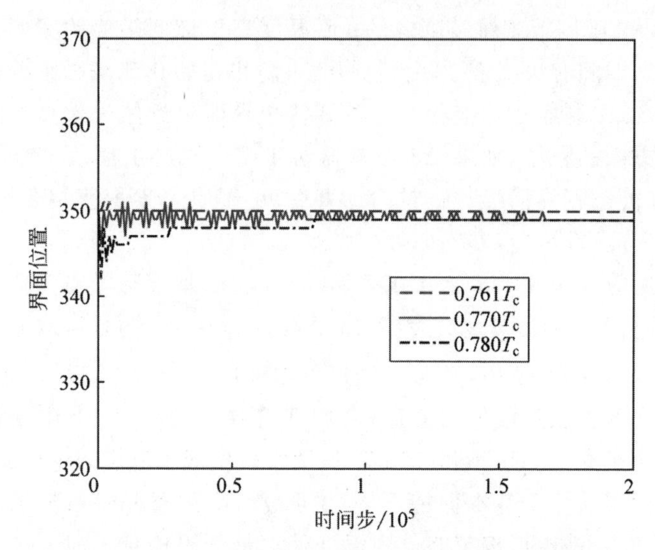

图 3.13 高于温度限值的相界面位置随时间步变化情况

这几个案例也说明了 A2 限制器的使用限制范围，即当计算偏离不稳定的极值点不大时，其带来的质量不守恒和动量不守恒问题可以忽略。对于动态案例来说，不稳定状态通常仅在极少数位置短暂出现，在一开始就将其不稳定性抑制住并使得计算回到正常状态，则不会对整体计算造成明显影响。

因此并不推荐在数值模拟时让温度小于最低温度限值太多。首先这并非伪势模型所允许的温度范围；其次是温度越低于最低限值，所带来的数值不稳定性就越大，即使 A2 限制器可以强行维持数值的稳定，其付出的准确性代价也会较大，带来的质量不守恒问题就越严重。实际上本章所提出的这些限制器并非是为静态案例设计的，其最重要的作用是在动态案例中能在某些短暂的时刻以最小的代价在数值发散开始时就加以阻止，以便让流场能够在后续模拟中稳定地发展下去。

3.2.2 静态液滴案例

3.2.2.1 液滴初始化振荡

LBM 模拟中，液滴在密度初始化、液滴碰撞、液滴撞击固壁等过程中都会出现一定程度的短暂密度振荡，这里采用初始化来观察可能出现的密度情况，取 260×260 的二维计算域，四周为周期性边界。液滴密度初始化采用类似式(3-14)的方法，取半径为 30，W 为 10，液滴置于中心位置。CS 状

态方程参数为 $a=1,b=4,R=1$，温度取为 $0.6T_c$。其他参数为 $s_\rho=s_j=1,s_e=s_\zeta=s_\nu=1$，且 $s_q=1.99$，关于 s_q 的取值在第 4 章会进行分析；$k_1=0,k_2=-0.2188$ 且 $\epsilon=1.75$，此时汽液密度分布近似接近麦克斯韦构造。初始密度可采用略大一些的设置，即 $\rho_l=0.38,\rho_g=0.008$，由于较大的初始化密度液滴会经历一段时间的密度振荡过程，经过一段计算达到平衡态后汽液密度会收敛到稳定的密度值。

在这个案例中，需要用到 3.1.2 节中的新伪势作用力格式和 A2 限制器，以保证初始化振荡过程中出现短暂数值不稳定时能继续计算下去。在初始化过程中，可以观察到如图 3.14 所示的振荡时刻，此时密度已经超过 3.1.2 节所述的极限使得 ϕ 出现了负值。此外对于 PR 状态方程来说(例如，当状态参数 $a=2/49,b=2/21,R=1$ 时)，液滴出现这样的大密度值情况时更容易越过 3.1.3 节所述的上限奇异点进而引起发散。总体来说状态方程中较大的 a 值会定义较大的液体声速，更容易引起这样的波动，因而需要在实际计算过程中采用前述的各类限制器来防止由于过大的密度波动带来的不稳定性问题。

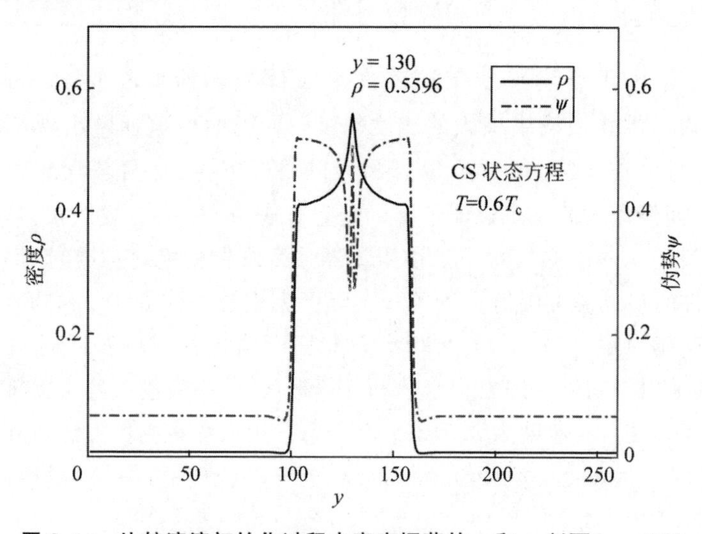

图 3.14　比较液滴初始化过程中密度振荡的 ρ 和 ψ 剖面($x=130$)

3.2.2.2　静态液滴的伪速度流

为了检验静态液滴所能达到的参数，这里采用除 A1 以外的所有稳定化方案，液滴直径为 60，CS 参数 $a=0.5,b=4,R=1$；$k_1=0,k_2=-0.2188$ 且

$\epsilon=1.75$。在下面的测试中，$s_\rho=s_j=1$，且 $s_q=1.99$，液相 $s_{\nu,l}=1.6$，汽相 $s_{\nu,g}=0.4211$ 或 0.5714，即汽液运动黏性比为 $\nu_g/\nu_l=15$ 或 10，此处相间黏性过渡方案采用式(3-12)。初始化汽液密度采用接近平衡态下的值，经长时间计算达到平衡态后，不同温度下的模拟结果如表 3.1 所示。

表 3.1　不同温度下的静态液滴结果比较

T/T_c	s_e 与 s_ζ	汽液密度比	$\lvert\boldsymbol{u}\rvert_{\max}$	ν_g/ν_l
0.60	1.6	142.7	0.00752	15
0.60	0.8	144.4	0.00431	15
0.60	0.1	144.7	0.00200	15
0.50	0.3	631.5	0.08912	15
0.50	0.1	784.2	0.00533	15
0.45	0.1	1726.2	0.02004	15
0.45	0.09	1843.8	0.01075	15
0.45	0.08	1929.4	0.00858	15
0.40	0.05	4039.6	0.02229	10
0.35	0.05	1725.8	0.84354	10

表 3.1 中主要展现了不同温度下大体积黏性抑制速度流的结果，$\lvert\boldsymbol{u}\rvert_{\max}$ 表示静止液滴中最大的速度幅度，即伪速度流(通常出现在相界面附近)。可见在 s_e 越小、体积黏性越大的情况下，其平衡态汽液密度比几乎不变，而伪速度流呈现逐渐下降的趋势。表中 $0.35T_c$ 案例较为异常，伪速度达到了 0.84354，模拟虽然被限制器强行维持稳定，但其实案例已经处于所允许的最低温度限值之下了。实际上大多数流体处于 $0.35T_c$ 状态时已经达到凝固温度点，并非汽液状态方程可描述的范围。同时对比文献[73]，其采用相同的状态方程参数和计算框架，静态液滴可稳定模拟的最低温度是 $0.50T_c$，伪速度为 0.0136；而本书采用大体积黏性方法可在温度为 $0.50T_c$ 时将伪速度降低为 0.00533，甚至可以合理地进一步模拟 $0.40T_c$ 时的情况。

为更好地展现大体积黏性对相间伪速度的抑制作用，图 3.15 展示了更完整的最大伪速度随体积黏性变化图(运动黏性为固定值)，可见此时随着体积黏性不断变大，相间伪速度可以得到有效的抑制。较低的相间伪速度不仅有助于减少计算误差，也有利于改善相间的数值不稳定性。这也进一步验证了 3.1.4 节分析的体积黏性在稳定模拟中的作用。

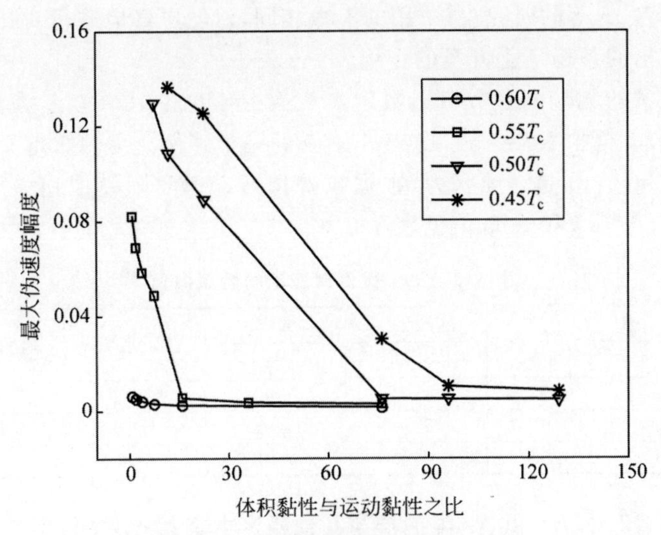

图 3.15　伪速度随体积黏性的变化

3.2.3　液滴在薄液层上的溅射

本节将使用之前所述的各稳定方案来模拟液滴在薄液层上溅射的动态多相流案例，以验证它们在提高汽液密度比及雷诺数上的稳定作用。液滴溅射是生活中常见的一个案例，也是各种工业生产多相流中的基本过程，例如雨滴撞击地面积水层、冷凝液滴收集、食品加工等，随着雷诺数、韦伯数的升高，其演化形态分为直接与液层融合、形成皇冠状扩散、延伸指状液层分离二次液滴等。随着溅射形态的复杂性增加，数值计算稳定性会面临较大的挑战，有一些实验或计算研究了液滴溅射在不同参数下的形态[58,131-132]，同时大量的多相流算法研究都将其当作验证算法动态计算稳定性和可行性的基准算例。

在这个模拟中，计算域为 900×250，上下为无滑移固壁边界，左右为周期边界，一个直径为 $D=120$ 的二维液滴被初始化在一层厚度为 $h_0=30$ 的薄液层之上，液滴中心在(450,100)的坐标位置上，液滴与液层约有 10 个格子的空隙，液滴初始速度为(0,−0.1)。$s_\rho=s_j=1$，$s_q=1.4$，$k_1=0.0667$，$k_2=-0.2854$ 且 $\epsilon=1.75$，汽液运动黏性比为 15，CS 状态方程的参数为 $a=0.25$，$b=4$，$R=1$，模拟温度选在 $0.45T_c$ 等温模拟，对应的平行界面平衡态汽液密度比约为 5000。选择初始的液相密度为 0.4792，汽相密度为 0.0001。在此采用了本章提出的所有稳定化方案，本案例的计算框架及主要参数都与 Li 等的研究[73]采用的参数相同，以便更好地进行对比，进而说明本章提出的各稳定化方案的作用。

此案例的无量纲参数雷诺数定义为 $Re=UD/\nu_1$，$U=0.1$ 为液滴下落速度，此节将模拟 $Re=150,1500,15000$ 的三个案例。韦伯数定义为 $We=\rho_1U^2D/\sigma=120$，σ 是表面张力，根据拉普拉斯定律实际模拟相界面内外压力值算出。其 s_e 和 s_ν 取值见表 3.2。

表 3.2　三个案例对应的松弛系数值

$\boldsymbol{S}$		$\boldsymbol{S}_1$		雷诺数 Re	汽液密度比
s_ν	s_e 与 s_ζ	s_ν	s_e 与 s_ζ		
1.990446	0.6	1.2	0.02	15000	4792
1.908397	0.6	0.9	0.02	1500	4792
1.351351	0.6	0.1	0.02	150	4792

在此案例中 A1 和 A2 限制器与其他稳定方案都被采用，且 A2 限制器中的判断阈值取为 $f_\alpha^*(\boldsymbol{x},t+\delta_t)<-|\rho(\boldsymbol{x},t)/9|$ 以减少其使用频率。

为比较各案例，定义无量纲时间 $t^*=Ut/D$。图 3.16 显示了 $Re=150$ 时的液滴溅射演化形态，液滴碰到液层形成皇冠状衍生液层，而在衍生液层随时间扩散的过程中由于其黏性较大，导致顶端两个液滴无法脱离形成二次液滴。

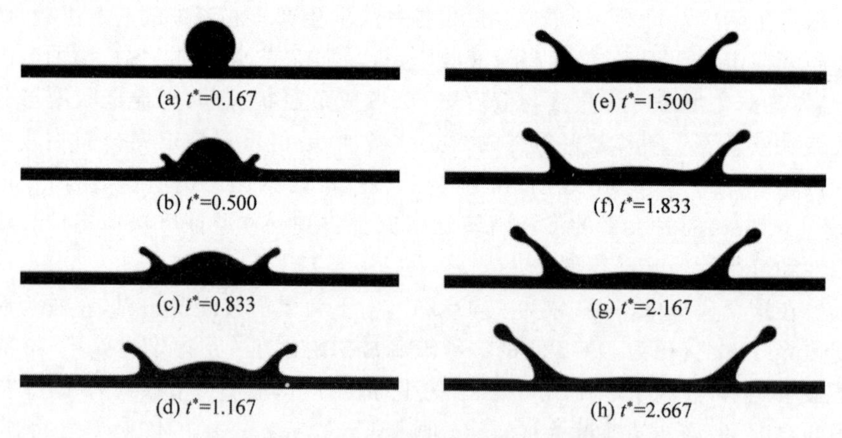

图 3.16　$Re=150$ 时的液滴溅射形态演化

而对于 $Re=1500$ 的图 3.17 案例来说，其形成的衍生液层更薄，且在图 3.17 中(c)时刻易见，与顶端两个液滴连接的液颈由于小黏性被拉扯得极细，导致二次液滴的分离；最终在图 3.17 中(g)时刻，成功模拟了二次液

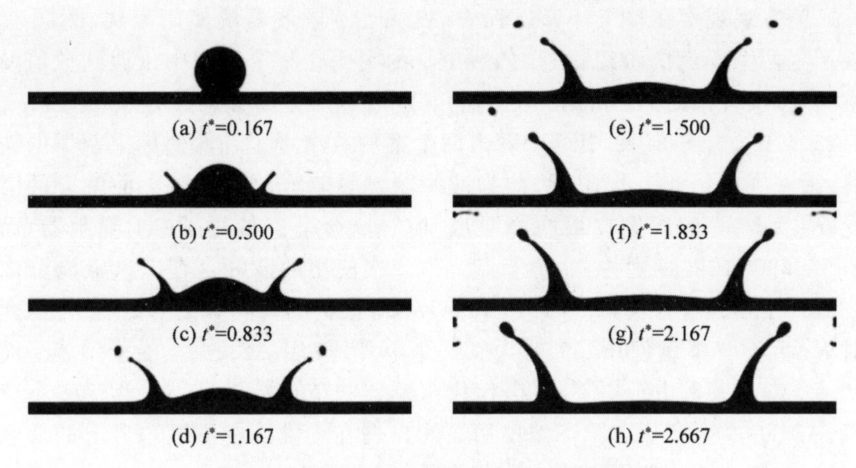

图 3.17　Re＝1500 时的液滴溅射形态演化

滴与固壁进行斜碰撞而产生的反弹再次分离，分离的液滴在两侧周期边界上再次进行横向的液滴碰撞融合形成了(h)时刻的形状，在液滴碰撞的过程中小液滴消耗了横向的动量仅留下方向朝下的动量。

在图 3.18 中雷诺数进一步提高到 15000，在(c)时刻就已经由于更细的液颈形成了二次液滴分离，(d)时刻中就出现了单侧两个液滴的分离，体现了更复杂的形态演化。可见由于较小的黏性导致衍生液层之间的相互作用更小，更容易导致顶端液滴的拉扯分离。同样的，分离的小液滴在固壁上实现了碰壁反弹分离，以及在周期边界上的液滴对撞。

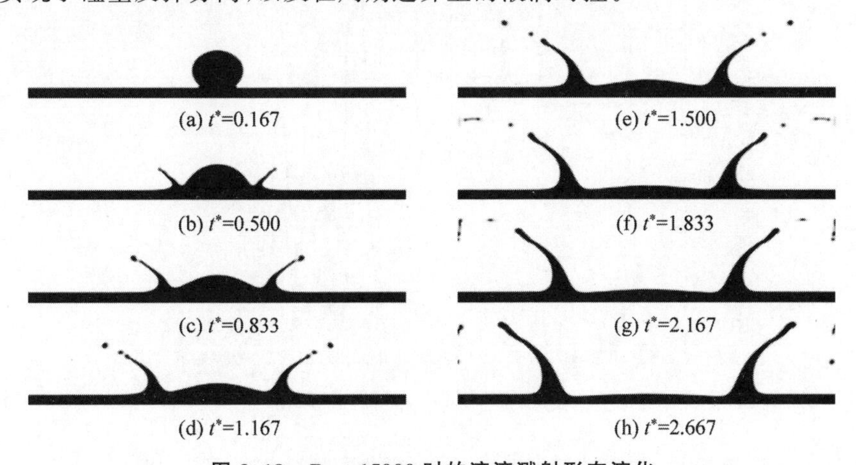

图 3.18　Re＝15000 时的液滴溅射形态演化

为直观观察在整个计算过程中 A1 和 A2 限制器的使用频次，图 3.19 展示了两个案例的跟踪过程（$Re=150$ 的案例在整个过程中未遇到数值发散问题，没有采用 A1 和 A2 限制器）。注意整个流场节点数为 $900\times250=2.25\times10^5$，由图 3.19 中可以看出两个案例共出现了三次使用限制器的波峰，第一次在 $t^*=0.2$ 附近，此为液滴刚接触薄液层并发生界面融合的时候，$Re=1500$ 的案例在最高峰时也仅在 10 个节点使用了 A1 限制器，而 $Re=15000$ 的案例则为 49 个节点。第二次使用的波峰是在二次液滴分离之后到接触固壁并反弹的时候，$Re=15000$ 案例的时间要更为提前一点，此时 $Re=1500$ 案例使用 A1 的为 129 个节点，使用 A2 的为 85 个节点；而 $Re=15000$ 案例由于更不稳定，使用限制器的节点数更多，A1 为 191 个节点，A2 为 99 个节点。第三波使用高峰出现在小液滴在周期边界上的液滴对撞，与第二波的使用规律一致但使用节点有所减少。图 3.19 说明对于动态案例，使用限制器的节点数相对于所计算的主体尺寸来说是极少的，而且仅在某些短暂的不稳定时段使用，并不会影响整体的流场后续发展。此外，注意到 A2 限制器是在使用 A1 限制器之后在同一节点上使用的（A1 限制器是质量和动量守恒的），可见 A1 限制器的使用能够在很大程度上减少 A2 限制器的使用次数，即减少 A2 限制器带来的质量和动量轻微不守恒的影响（这种影响已被证明是很小的）。在动态过程中，如果能在数值发散出

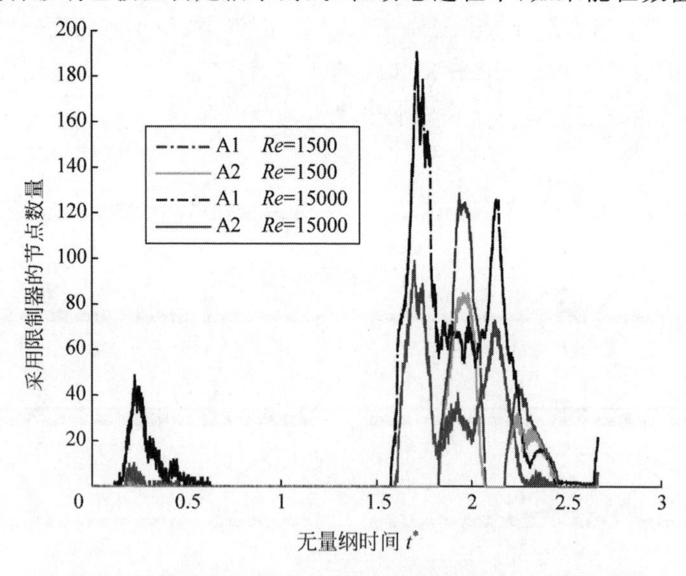

图 3.19 计算过程中采用 A1 和 A2 限制器的次数（前附彩图）

现的时刻就将其抑制，将有助于保持整个流场的数值稳定，这个案例也充分说明了本章所提出的稳定方案在动态多相流计算中是非常有效和稳健的。

之前对于液滴溅射的研究[132-133]指出，液滴溅射之后其与底下薄液层的交点基脚处向外扩展距离为“延展半径”r，其理论上应符合幂次关系 $r/D=C\sqrt{Ut/D}$，其中 C 为一个常数，其与比值 h_0/D 相关。考虑到此案例初始存在的间隙为 10，下降速度为 0.1，将其修正为 $r/D=C\sqrt{U(t-100)/D}$。将本节三个溅射案例的关系在图 3.20 中给出，拟合得到 $C=1.28$，Li 的研究[73]用 MRT-LBM 模拟得出的 $C=1.3$，两者差别非常小。可见计算给出的结果与理论预测的结果符合较好，证明采用本章所述的稳定化方案不仅可维持整个计算过程，也很好地保持了计算准确度。

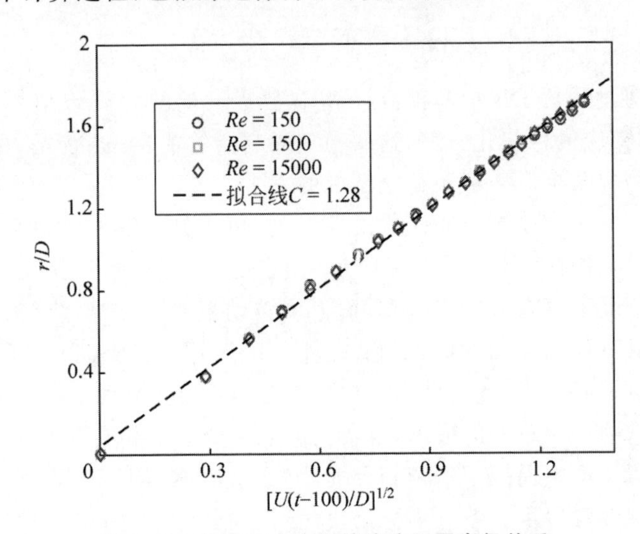

图 3.20　拟合三个案例的液滴延展半径关系

为更好地说明本章所提出的稳定方案的提升作用，在此与 Li 的研究[73]做一下对比，本节采用相同的 MRT-LBM 计算框架、多相流模型、状态方程参数模拟液滴溅射案例，区别在于此处采用了本章提出的稳定方案。在 Li 的研究中，最高能模拟到汽液密度比为 700，雷诺数为 1000 的液滴溅射案例，在其文献中未展现出二次液滴碰壁及之后的液滴对撞过程；而本节能够将模拟的汽液密度比提升至 4792，雷诺数提升至 15000，且完整复现了二次小液滴之后的碰壁、对撞行为。实际上，在本节的计算中，若尝试取消所采用的稳定方案，则会在计算过程中出现数值发散而导致整个计算流程的中断。

尽管这个案例主要是模拟液滴溅射过程，但后续的液滴行为实质上包含了液滴溅射、液滴分离、液滴碰撞固壁分离、液滴对撞等各种完整的液滴行为，这些都是工业上多相流的基础运动(例如发动机内喷雾燃烧、汽水分离、基板滴附等)。虽然从实验上能直观地观察到这些现象，但目前科学界仍未能完整认识其形态演化的物理机制，以至于在实际工业过程中遇到大规模液滴或气泡的时候需要通过经验参数或大量简化假设对其建模，这阻碍了工业过程的进一步优化和创新。通过数值计算完整掌握液滴演化中的各类参数，进而发现控制演化的方法并提升其计算能力，这对于工业过程优化有着重要意义。

3.3 本章小结

本章通过分析 LBM 多相流计算中容易出现的各类数值不稳定性原因，提出了相应的稳定化方案，这些稳定限制器的主要作用是在动态多相流中以较小的代价抑制数值不稳定情况的发生。

通过理解概率密度分布函数的非负性，可以知道其在物理和数值计算上会为 LBM 带来不稳定性；由于动态的密度波动，伪势模型中的作用力模型在某些情况下存在方向不一致，而密度波动也有可能越过状态方程中的奇异点造成不可恢复的数值发散；此外，由于相界面通常存在不规则的伪速度，而合适的体积黏性与动力黏性可以有效稳定相界面。

针对这些不稳定性的成因，本章提出了相应限制器或改进的格式，并在之后的数值验证中模拟了平行相界面、静态液滴、液滴溅射等案例，不仅通过数值算例直观展示了数值不稳定发生时的情况，还通过数值案例与他人研究结果的直接对比，展现了本章所提稳定化方案在维持数值稳定性上带来的明显贡献。

第4章　MRT的四阶力项展开分析

MRT-LBM 如第 2 章所述，其恢复的是二阶精度下的可压 NS 方程，且在二阶微分上附带着 $O(u^3)$ 的误差余项。而最近的研究[73,75,110]发现，力项在 LBM 中的离散三阶项会对多相流模型产生一定程度的影响，例如其表面张力、汽液密度比都是受到高阶项影响的物理效应，这些影响在一些时候会明显地影响多相流模拟的精度和数值稳定性。对于 LBM 来说，伪势力项的离散效应来源于两个方面，其一是式(2-33)在计算伪势作用力 $\boldsymbol{F}$ 时产生的离散效应，其二是当 $\boldsymbol{F}$ 以 LBM 的作用力格式公式(2-10)代入演化方程时在 LBM 中展开所产生的离散效应。由于这些额外调节目前仍会在大汽液密度比的时候导致汽相密度随松弛因子偏离，结合第 3 章分析，当汽相密度较小时会对模拟精度及数值稳定性带来一定程度的影响。因此本章将进一步分析当采用力项或额外项来调节 MRT 中的高阶项时带来的影响，并提出解决方案。

4.1 节展示了当使用原始力项及额外项 $\boldsymbol{Q}_{\mathrm{p}}$ 来调节汽液密度时出现的汽相密度随松弛因子变化的非物理现象，这种现象在一定情况下会由于汽相密度的急剧减小而影响模拟的数值稳定性；4.2 节对 MRT 中力项及 $\boldsymbol{Q}_{\mathrm{p}}$ 进行了四阶展开分析，解释了此非物理效应的成因，并展现了 MRT 中各项在不同阶的跳跃分布规律；4.3 节使用数值案例验证了之前的理论分析和提出的解决方案的正确性；4.4 节对本章结果做了总结。

4.1　额外项调节伪势模型的问题

在第 2 章提到，Li 等[73,75,109]提出采用额外项 $\boldsymbol{Q}_{\mathrm{p}}$ 来调节伪势模型的汽液密度比及表面张力等，取得了很好的效果，该方法在近年来的各类应用研究中得到了较多的应用[64,67]。但是在实际使用时发现，这类方法调节的平衡态汽液密度比会随着松弛因子而发生变化，这是一种非物理现象，之后本章将借由这个现象带来的启发分析这类方法在高阶项带来的影响。

在第 2 章中可以看到，力项和额外调节项 $\boldsymbol{Q}_{\mathrm{p}}$ 都在二阶分析上准确地恢复了宏观方程，对于 $\boldsymbol{Q}_{\mathrm{p}}$ 来说，除 $Q_{\mathrm{p}_1}, Q_{\mathrm{p}_2}, Q_{\mathrm{p}_7}, Q_{\mathrm{p}_8}$ 以外的项都是 0，而这几项实际上是伪势 ψ 的一阶微分乘积组合(见式(2-34)，后续余项忽略)，代入 MRT 分析后在恢复的二阶 NS 方程中呈现的是 ψ 的二阶空间微分项。其在式(2-39)引入时就与松弛因子相关联，尽管在二阶展开恢复的 NS 方程上 $\boldsymbol{Q}_{\mathrm{p}}$ 与松弛因子无关，但实际上其在高阶项上无法完全消除与松弛因子的关系，仍受到松弛因子的控制。这种影响相比于二阶项影响的幅度是很小的，但当汽液密度比较大时，平衡态汽相密度比仍然不可避免地会受到这种影响，具体见如下的实际案例分析。为保证数值分析与数学推导的严格对比，本章所有的案例都未使用第 3 章中的稳定化策略，仅基于第 2 章原始的 MRT 算法框架。

以平行相界面案例为例，取 CS 状态方程参数为 $a=0.5, b=4, R=1$；$s_\rho=s_j=1, s_\zeta=s_e, s_q=1.1$。前面提到过，当 $k_1=k_2=0, \epsilon=0$ 时实际上就是原始未加调节项的格式，$\epsilon=1$ 表示采用了 $\boldsymbol{Q}_{\mathrm{p}}$ 来调节平衡态汽液密度使其符合热力学一致性。此处取 8×600 的二维计算域，四周为周期边界，初始化密度采用式(3-14)的方案。密度沿 y 变化，中心在 $y=300$ 处，液相区半宽度 $r_0=100$，经过长时间模拟使得其到达平衡态。首先看 $\epsilon=0$ 下的平衡态汽液密度分布图 4.1，采用不同的松弛因子 s_e 和 s_ν 进行模拟，与力学平衡条件式(2-44)的解析结果对比，可见当没有采用额外项 $\boldsymbol{Q}_{\mathrm{p}}$ 进行调节时，在不同的松弛因子下模拟结果与解析结果符合得很好，并未受到影响。

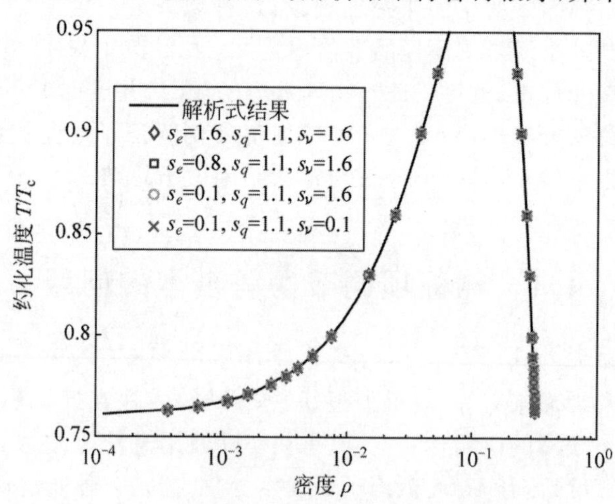

图 4.1 $\epsilon=0$ 时的模拟平行相界面平衡态汽液密度与解析结果在不同松弛因子下的对比

若取 $k_1=0, k_2=-0.125, \epsilon=1$ 进行模拟，则情况发生变化，如图 4.2 所示。汽相平衡密度在低温区出现了随松弛因子改变而变化的情况，这并非 LBM 的物理要求，也无法从恢复的二阶 NS 宏观方程式(2-42)上得到解释。由图 4.2 可见，在 $s_e=s_\nu$ 的前三个案例中，其汽相密度都一直与解析结果符合较好，第五个案例($s_e=0.8, s_\nu=1.6$)中，体积黏性与数值黏性比为 $\mu_b/\mu=6$，此案例汽相密度虽略微发生偏移，但也比较接近解析解的结果。而对于第四个案例($s_e=0.1, s_\nu=1.6$)和第六个案例($s_e=1.6, s_\nu=0.1$)，当 s_e 和 s_ν 取值相差较大时，则明显发生了与解析结果的偏离。恢复的二阶 NS 宏观方程中，$\boldsymbol{Q}_p$ 是与松弛因子无关的项，这就说明其更高阶的项必然存在受到松弛因子控制的余项，影响了平衡态力学稳定条件。从图中可以判定这种高阶余项的影响应该是相当小的，且仅发生在低温区汽相密度较小时，即 $\rho<10^{-3}$ 时其对汽相密度的影响才相对明显，在更高温的几个点其影响可以忽略。

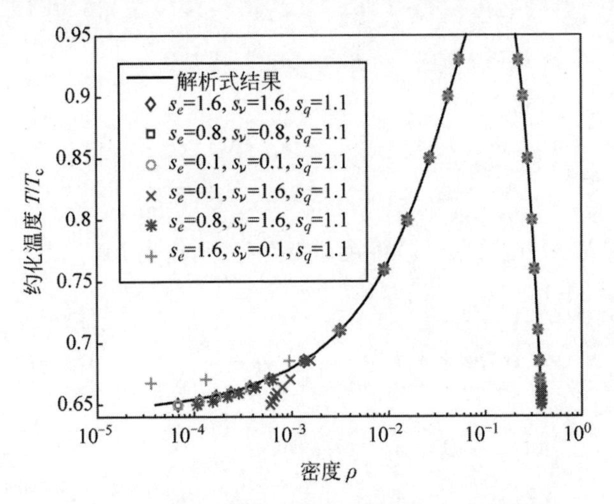

图 4.2　$\epsilon=1$ 时的模拟平行相界面平衡态汽液密度与解析结果在不同松弛因子下的对比

尽管这种影响比较小，但在模拟大汽液密度比的多相流案例时还是不可忽略的，且这种与松弛因子相关的高阶余项揭示了 MRT 格式中存在着更高阶项的某种规律，探究认识这种规律也将有助于更合理地使用 MRT 中的各类格式，并抑制汽相密度的异常偏离效应。从图 4.2 也可以看出，若 s_e 的取值明显大于 s_ν，会带来汽相密度的急剧减小，结合第 3 章对多相流相界面附近的稳定性分析可以得出结论，即此时动态数值模拟的稳定性必然会下降。

4.2 MRT中额外项的高阶余项分析

4.2.1 三阶项与四阶项的展开

在本节中，将对MRT的额外项及力项进行三阶与四阶的展开分析，以辨别其高阶项在计算中起到的具体作用，并提出相应的解决方案。

在第2章中提到，可以将带有额外项 $\boldsymbol{Q}_{\mathrm{p}}$ 的碰撞矩方程写为

$$\begin{aligned}\boldsymbol{m}^{*}(\boldsymbol{x},t)=\boldsymbol{m}(\boldsymbol{x},t)-\boldsymbol{S}\left[\boldsymbol{m}(\boldsymbol{x},t)-\boldsymbol{m}^{\mathrm{eq}}(\boldsymbol{x},t)\right]+\\ \delta_t\boldsymbol{F}_{\mathrm{m}}(\boldsymbol{x},t)+\boldsymbol{S}\boldsymbol{Q}_{\mathrm{p}}(\boldsymbol{x},t)\end{aligned} \tag{4-1}$$

考虑对原分布函数式(2-1)左侧项进行泰勒展开到四阶，则迁移方程可以写为

$$\begin{aligned}&f_\alpha+\delta_t(\partial_t+\boldsymbol{e}_\alpha\cdot\nabla)f_\alpha+\frac{\delta_t^2}{2}(\partial_t+\boldsymbol{e}_\alpha\cdot\nabla)^2f_\alpha+\\ &\frac{\delta_t^3}{6}(\partial_t+\boldsymbol{e}_\alpha\cdot\nabla)^3f_\alpha+\frac{\delta_t^4}{24}(\partial_t+\boldsymbol{e}_\alpha\cdot\nabla)^4f_\alpha+O(\delta_t^5)=f_\alpha^{*}(\boldsymbol{x},t)\end{aligned} \tag{4-2}$$

考虑式(4-1)并将式(4-2)转换到矩空间，则给出MRT下矩空间的碰撞矩方程：

$$\begin{aligned}&(\boldsymbol{I}\partial_t+\boldsymbol{D})\boldsymbol{m}+\frac{\delta_t}{2}(\boldsymbol{I}\partial_t+\boldsymbol{D})^2\boldsymbol{m}+\frac{\delta_t^2}{6}(\boldsymbol{I}\partial_t+\boldsymbol{D})^3\boldsymbol{m}+\\ &\frac{\delta_t^3}{24}(\boldsymbol{I}\partial_t+\boldsymbol{D})^4\boldsymbol{m}+O(\delta_t^4)\\ &=-\frac{\boldsymbol{S}}{\delta_t}(\boldsymbol{m}-\boldsymbol{m}^{\mathrm{eq}})+\left(\boldsymbol{I}-\frac{\boldsymbol{S}}{2}\right)\boldsymbol{F}_{\mathrm{m}}+\frac{\boldsymbol{S}}{\delta_t}\boldsymbol{Q}_{\mathrm{p}}\end{aligned} \tag{4-3}$$

对上述各变量按查普曼-恩斯库格(如式(2-16))进行展开，另将额外项 $\boldsymbol{Q}_{\mathrm{p}}$ 展开为 $\boldsymbol{Q}_{\mathrm{p}}=\varepsilon\boldsymbol{Q}_{\mathrm{p}}^{(1)}$。按展开参数的各阶进行整理得：

$$\varepsilon^0:\ \boldsymbol{m}^{(0)}=\boldsymbol{m}^{(\mathrm{eq})} \tag{4-4}$$

$$\varepsilon^1:\ (\boldsymbol{I}\partial_{t_1}+\boldsymbol{D}_1)\boldsymbol{m}^{(0)}=-\frac{\boldsymbol{S}}{\delta_t}\boldsymbol{m}^{(1)}+\boldsymbol{F}_{\mathrm{m}}^{(1)}+\frac{\boldsymbol{S}}{\delta_t}\boldsymbol{Q}_{\mathrm{p}}^{(1)} \tag{4-5}$$

$$\varepsilon^2: \partial_{t_2}\boldsymbol{m}^{(0)} + (\boldsymbol{I}\partial_{t_1} + \boldsymbol{D}_1)\boldsymbol{m}^{(1)} + \frac{\delta_t}{2}(\boldsymbol{I}\partial_{t_1} + \boldsymbol{D}_1)^2\boldsymbol{m}^{(0)} = -\frac{\boldsymbol{S}}{\delta_t}\boldsymbol{m}^{(2)} \tag{4-6}$$

$$\varepsilon^3: \partial_{t_3}\boldsymbol{m}^{(0)} + \partial_{t_2}\boldsymbol{m}^{(1)} + (\boldsymbol{I}\partial_{t_1} + \boldsymbol{D}_1)\boldsymbol{m}^{(2)} + \delta_t(\boldsymbol{I}\partial_{t_1} + \boldsymbol{D}_1)\partial_{t_2}\boldsymbol{m}^{(0)} + \frac{\delta_t}{2}(\boldsymbol{I}\partial_{t_1} + \boldsymbol{D}_1)^2\boldsymbol{m}^{(1)} + \frac{\delta_t^2}{6}(\boldsymbol{I}\partial_{t_1} + \boldsymbol{D}_1)^3\boldsymbol{m}^{(0)} = -\frac{\boldsymbol{S}}{\delta_t}\boldsymbol{m}^{(3)} \tag{4-7}$$

$$\varepsilon^4: \partial_{t_4}\boldsymbol{m}^{(0)} + \partial_{t_3}\boldsymbol{m}^{(1)} + \partial_{t_2}\boldsymbol{m}^{(2)} + (\boldsymbol{I}\partial_{t_1} + \boldsymbol{D}_1)\boldsymbol{m}^{(3)} + \frac{\delta_t}{2}[\boldsymbol{I}\partial_{t_2}^2 + 2\partial_{t_3}(\boldsymbol{I}\partial_{t_1} + \boldsymbol{D}_1)]\boldsymbol{m}^{(0)} + \delta_t(\boldsymbol{I}\partial_{t_1} + \boldsymbol{D}_1)\partial_{t_2}\boldsymbol{m}^{(1)} + \frac{\delta_2}{2}(\boldsymbol{I}\partial_{t_1} + \boldsymbol{D}_1)^2\boldsymbol{m}^{(2)} + \frac{\delta_t^2}{2}(\boldsymbol{I}\partial_{t_1} + \boldsymbol{D}_1)^2\partial_{t_2}\boldsymbol{m}^{(0)} + \frac{\delta_t^2}{6}(\boldsymbol{I}\partial_{t_1} + \boldsymbol{D}_1)^3\boldsymbol{m}^{(1)} + \frac{\delta_t^3}{24}(\boldsymbol{I}\partial_{t_1} + \boldsymbol{D}_1)^4\boldsymbol{m}^{(0)} = -\frac{\boldsymbol{S}}{\delta_t}\boldsymbol{m}^{(4)} \tag{4-8}$$

在第 2 章中已经进行了完整的二阶展开分析，本节将直接进行三阶与四阶展开分析。这里三阶项和四阶项分析主要集中在力项及额外项在平衡态下的分析，找出其在高阶的主要影响项，由于它们与速度及时间无关，可进行一些简化，一般在高阶分析中认为关于高阶时间项的偏微分为零，且速度为零。为将松弛系数分离写出，设 $\boldsymbol{F}_{\mathrm{m}}=(\boldsymbol{I}-0.5\boldsymbol{S})\boldsymbol{F}_{\mathrm{p}}$，并利用一些低阶项消去 $\boldsymbol{m}^{(1)}$，$\boldsymbol{m}^{(2)}$，$\boldsymbol{m}^{(3)}$ 等项，于是式(4-4)～式(4-8)可以简化为

$$\varepsilon^0: \boldsymbol{m}^{(0)} = \boldsymbol{m}^{(\mathrm{eq})} \tag{4-9}$$

$$\varepsilon^1: \partial_{t_1}\boldsymbol{m}^{(0)} + \boldsymbol{D}_1\boldsymbol{m}^{(0)} - \boldsymbol{F}_{\mathrm{p}}^{(1)} = -\frac{\boldsymbol{S}}{\delta_t}\left(\boldsymbol{m}^{(1)} + \frac{\delta_t}{2}\boldsymbol{F}_{\mathrm{p}}^{(1)}\right) + \frac{\boldsymbol{S}}{\delta_t}\boldsymbol{Q}_{\mathrm{p}}^{(1)} \tag{4-10}$$

$$\varepsilon^2: \partial_{t_2}\boldsymbol{m}^{(0)} - \delta_t\boldsymbol{D}_1\left(\boldsymbol{S}^{-1} - \frac{\boldsymbol{I}}{2}\right)(\boldsymbol{D}_1\boldsymbol{m}^{(0)} - \boldsymbol{F}_{\mathrm{p}}^{(1)}) + \boldsymbol{D}_1\boldsymbol{Q}_{\mathrm{p}}^{(1)} = -\frac{\boldsymbol{S}}{\delta_t}\boldsymbol{m}^{(2)} \tag{4-11}$$

$$\varepsilon^3: \partial_{t_3}\boldsymbol{m}^{(0)} + \left[\delta_t^2\boldsymbol{D}_1\left(\boldsymbol{S}^{-1} - \frac{\boldsymbol{I}}{2}\right)\boldsymbol{D}_1\left(\boldsymbol{S}^{-1} - \frac{\boldsymbol{I}}{2}\right)(\boldsymbol{D}_1\boldsymbol{m}^{(0)} - \boldsymbol{F}_{\mathrm{p}}^{(1)}) - \frac{\delta_t^2}{12}(\boldsymbol{D}_1)^3\boldsymbol{m}^{(0)} - \delta_t\boldsymbol{D}_1\left(\boldsymbol{S}^{-1} - \frac{\boldsymbol{I}}{2}\right)\boldsymbol{D}_1\boldsymbol{Q}_{\mathrm{p}}^{(1)}\right] = -\frac{\boldsymbol{S}}{\delta_t}\boldsymbol{m}^{(3)} \tag{4-12}$$

$$\varepsilon^4: \partial_{t_4}\boldsymbol{m}^{(0)} + \left[-\delta_t^3\boldsymbol{D}_1\left(\boldsymbol{S}^{-1} - \frac{\boldsymbol{I}}{2}\right)\boldsymbol{D}_1\left(\boldsymbol{S}^{-1} - \frac{\boldsymbol{I}}{2}\right)\boldsymbol{D}_1\left(\boldsymbol{S}^{-1} - \frac{\boldsymbol{I}}{2}\right)\cdot\right.$$

$$(\boldsymbol{D}_1\boldsymbol{m}^{(0)}-\boldsymbol{F}_{\mathrm{p}}^{(1)})+\frac{\delta_t^3}{12}\boldsymbol{D}_1^3\left(\boldsymbol{S}^{-1}-\frac{\boldsymbol{I}}{2}\right)(\boldsymbol{D}_1\boldsymbol{m}^{(0)}-\boldsymbol{F}_{\mathrm{p}}^{(1)})+$$
$$\frac{\delta_t^3}{12}\boldsymbol{D}_1\left(\boldsymbol{S}^{-1}-\frac{\boldsymbol{I}}{2}\right)\boldsymbol{D}_1^3\boldsymbol{m}^{(0)}+\delta_t^2\boldsymbol{D}_1\left(\boldsymbol{S}^{-1}-\frac{\boldsymbol{I}}{2}\right)\boldsymbol{D}_1\left(\boldsymbol{S}^{-1}-\frac{\boldsymbol{I}}{2}\right)\cdot$$
$$\left.\boldsymbol{D}_1\boldsymbol{Q}_{\mathrm{p}}^{(1)}-\frac{\delta_t^2}{12}\boldsymbol{D}_1^3\boldsymbol{Q}_{\mathrm{p}}^{(1)}\right]=-\frac{\boldsymbol{S}}{\delta_t}\boldsymbol{m}^{(4)} \tag{4-13}$$

上述格式中第一项依旧保留$\partial_{t_i}\boldsymbol{m}^{(0)}$，$i=1,2,3,4$，以示对不同阶方程的区分。于是各阶方程在守恒矩方程，即第一、第四、第六项的质量、动量方程展开分别为

$$\varepsilon^1:\begin{cases}\partial_{t_1}\rho=0\\ \partial_{t_1}(\rho u_x)=-\partial_{x_1}\left(\dfrac{1}{3}\rho\right)+F_x^{(1)}\\ \partial_{t_1}(\rho u_y)=-\partial_{y_1}\left(\dfrac{1}{3}\rho\right)+F_y^{(1)}\end{cases} \tag{4-14}$$

$$\varepsilon^2:\begin{cases}\partial_{t_2}\rho=0\\ \partial_{t_2}(\rho u_x)=-\dfrac{1}{6}\partial_{x_1}Q_{\mathrm{p}_1}^{(1)}-\dfrac{1}{2}\partial_{x_1}Q_{\mathrm{p}_7}^{(1)}-\partial_{y_1}Q_{\mathrm{p}_8}^{(1)}\\ \partial_{t_2}(\rho u_y)=-\partial_{x_1}Q_{\mathrm{p}_8}^{(1)}-\dfrac{1}{6}\partial_{y_1}Q_{\mathrm{p}_1}^{(1)}+\dfrac{1}{2}\partial_{y_1}Q_{\mathrm{p}_7}^{(1)}\end{cases} \tag{4-15}$$

式(4-14)与式(4-15)中关于ρu_x和ρu_y的时间导数在此近似分析中实际上是零。此处由于$\boldsymbol{Q}_{\mathrm{p}}$与时间和速度无关，因此此处恢复的二阶关于$\boldsymbol{Q}_{\mathrm{p}}$的微分项与第2章完整展开分析的结果一致。采用此方法，Huang 等[75]也给出了关于三阶的力项结果，而此处考虑式(4-12)以及$\boldsymbol{Q}_{\mathrm{p}}$中的零项，结合式(2-40)有：

$$\varepsilon^3:\begin{cases}\partial_{t_3}\rho=0\\ \partial_{t_3}(\rho u_x)=\dfrac{\delta_t^2}{12}(\partial_{x_1}^2F_x^{(1)}+\partial_{y_1}^2F_x^{(1)})\\ \partial_{t_3}(\rho u_y)=\dfrac{\delta_t^2}{12}(\partial_{x_1}^2F_y^{(1)}+\partial_{y_1}^2F_y^{(1)})\end{cases} \tag{4-16}$$

可以看出，此处$\boldsymbol{Q}_{\mathrm{p}}$中的项由于存在零元素分量，并未出现在三阶展开中，因此造成上述汽相密度随松弛因子偏离的原因并不在于三阶项，应当存

在更高阶的余项作用。

为简化后续分析记法，此处将关于松弛因子的矩阵 $\boldsymbol{S}^{-1}-0.5\boldsymbol{I}$ 写为

$$\boldsymbol{\sigma}=\mathrm{diag}(\sigma_\rho,\sigma_e,\sigma_\zeta,\sigma_j,\sigma_q,\sigma_j,\sigma_q,\sigma_\nu,\sigma_\nu)=\boldsymbol{S}^{-1}-0.5\boldsymbol{I} \tag{4-17}$$

以下为四阶式的展开分析，将式(4-13)的四阶质量方程展开式写出得：

$$\begin{aligned}
&\partial_{t_4}\rho+\frac{\delta_t^3}{12}\partial_{y_1}\partial_{x_1}^2\{[-2\sigma_j(\sigma_e\sigma_q+5\sigma_\nu\sigma_q+1)+2\sigma_j^2(\sigma_e+7\sigma_\nu+4\sigma_\rho)+\sigma_q]F_y^{(1)}\}+\\
&\frac{\delta_t^3}{12}\partial_{x_1}\partial_{y_1}^2\{[-2\sigma_j(\sigma_e\sigma_q+5\sigma_\nu\sigma_q+1)+2\sigma_j^2(\sigma_e+7\sigma_\nu+4\sigma_\rho)+\sigma_q]F_x^{(1)}\}+\\
&\frac{\delta_t^3}{12}\partial_{x_1}^3\{[2\sigma_e(\sigma_j-\sigma_q)+2\sigma_j\sigma_\nu+8\sigma_\rho\sigma_j+2\sigma_\nu\sigma_q-1]\sigma_jF_x^{(1)}\}+\\
&\frac{\delta_t^3}{12}\partial_{y_1}^3\{[2\sigma_e(\sigma_j-\sigma_q)+2\sigma_j\sigma_\nu+8\sigma_\rho\sigma_j+2\sigma_\nu\sigma_q-1]\sigma_jF_y^{(1)}\}-\\
&\frac{\delta_t^3}{18}\partial_{x_1}^4\{[\sigma_e(\sigma_j-\sigma_q)+\sigma_j\sigma_\nu+4\sigma_\rho\sigma_j+\sigma_\nu\sigma_q-1]\sigma_j\rho\}-\\
&\frac{\delta_t^3}{18}\partial_{x_1}^2\partial_{y_1}^2\{[-\sigma_j(2\sigma_e\sigma_q+10\sigma_\nu\sigma_q+3)+2\sigma_j^2(\sigma_e+7\sigma_\nu+4\sigma_\rho)+\sigma_q]\rho\}-\\
&\frac{\delta_t^3}{18}\partial_{y_1}^4\{[\sigma_e(\sigma_j-\sigma_q)+\sigma_j\sigma_\nu+4\sigma_\rho\sigma_j+\sigma_\nu\sigma_q-1]\sigma_j\rho\}=0
\end{aligned} \tag{4-18}$$

通过式(4-14)，可以将式(4-18)简化为

$$\partial_{t_4}\rho=-\frac{\delta_t^3}{36}[\partial_{x_1}^4(\rho\sigma_j)+\partial_{y_1}^4(\rho\sigma_j)+2\partial_{x_1}^2\partial_{y_1}^2(\rho\sigma_j)] \tag{4-19}$$

而考虑 $\boldsymbol{D}_1\boldsymbol{m}^{(0)}-\boldsymbol{F}_{\mathrm{m}}^{(1)}$ 和 $\boldsymbol{m}^{(0)}$ 的第四项与第六项由于包含速度而被简化为零(即此处不考虑含速度与力乘积的高阶效应)，则 x 方向的动量方程展开写出为

$$\begin{aligned}
&\partial_{t_4}(\rho u_x)+\frac{\delta_t^2}{72}\partial_{x_1}^3\{3\boldsymbol{Q}_{\mathrm{p}_7}^{(1)}[2\sigma_e\sigma_j+2\sigma_j\sigma_\nu+8\sigma_\rho\sigma_j-4(\sigma_e\sigma_q-\sigma_\nu\sigma_q)-1]+\\
&\boldsymbol{Q}_{\mathrm{p}_1}^{(1)}[2\sigma_e\sigma_j+2\sigma_j\sigma_\nu+8\sigma_\rho\sigma_j+4(\sigma_e\sigma_q-\sigma_\nu\sigma_q)-1]+4\boldsymbol{Q}_{\mathrm{p}_2}^{(1)}\sigma_q(\sigma_e-\sigma_\nu)\}+\\
&\frac{\delta_t^2}{72}\partial_{x_1}^2\partial_{y_1}\{6\boldsymbol{Q}_{\mathrm{p}_8}^{(1)}[16\sigma_\rho\sigma_j+8\sigma_j\sigma_\nu+4\sigma_e\sigma_j+4(\sigma_e\sigma_q+\sigma_\nu\sigma_q)-3]\}+\\
&\frac{\delta_t^2}{72}\partial_{y_1}^2\partial_{x_1}\{6\boldsymbol{Q}_{\mathrm{p}_7}^{(1)}[-\sigma_e\sigma_j+\sigma_\nu\sigma_j-4\sigma_\rho\sigma_j+2(\sigma_e\sigma_q+\sigma_\nu\sigma_q)]+
\end{aligned}$$

$$2Q_{p_1}^{(1)}(\sigma_e\sigma_j+7\sigma_j\sigma_\nu+4\sigma_\rho\sigma_j+2\sigma_e\sigma_q+10\sigma_\nu\sigma_q-2)+$$

$$2Q_{p_2}^{(1)}(2\sigma_e\sigma_q+10\sigma_\nu\sigma_q-1)\}+\frac{\delta_t^2}{72}\partial_{y_1}^3[6Q_{p_8}^{(1)}(8\sigma_j\sigma_\nu+4\sigma_\nu\sigma_q-1)]=0 \tag{4-20}$$

式(4-20)中未出现关于 F_x 和 F_y 的项，说明在此近似分析展开中，力项在四阶中并未起主要作用，采用式(4-15)和 $Q_{p_2}=-Q_{p_1}$ 消去式(4-20)中的 $Q_{p_2}^{(1)}$ 和 $Q_{p_7}^{(1)}$，且 $\sigma_\rho=\sigma_j=1/2$，则 x 方向动量方程可以写为

$$\begin{aligned}\partial_{t_4}(\rho u_x)=&-\frac{\delta_t^2}{72}\partial_{x_1}^2\{\partial_{x_1}[Q_{p_1}^{(1)}(4\sigma_e\sigma_q-4\sigma_\nu\sigma_q)]+\\&6\partial_{y_1}[Q_{p_8}^{(1)}(\sigma_e+8\sigma_e\sigma_q+3\sigma_\nu)]\}-\\&\frac{\delta_t^2}{72}\partial_{y_1}^2\{\partial_{x_1}[Q_{p_1}^{(1)}(2\sigma_e+6\sigma_\nu-4\sigma_e\sigma_q-4\sigma_\nu\sigma_q+2)]+\\&6\partial_{y_1}[Q_{p_8}^{(1)}(\sigma_e-4\sigma_e\sigma_q+3\sigma_\nu+1)]\}\end{aligned} \tag{4-21}$$

同样，y 方向的动量方程展开写为

$$\partial_{t_4}(\rho u_y)+\frac{\delta_t^2}{72}\partial_{y_1}^3\{-3Q_{p_7}^{(1)}[2\sigma_e\sigma_j+2\sigma_j\sigma_\nu+8\sigma_\rho\sigma_j-4(\sigma_e\sigma_q-\sigma_\nu\sigma_q)-1]+$$

$$Q_{p_1}^{(1)}[2\sigma_e\sigma_j+2\sigma_j\sigma_\nu+8\sigma_\rho\sigma_j+4(\sigma_e\sigma_q-\sigma_\nu\sigma_q)-1]+4Q_{p_2}^{(1)}\sigma_q(\sigma_e-\sigma_\nu)\}+$$

$$\frac{\delta_t^2}{72}\partial_{y_1}^2\partial_{x_1}\{6Q_{p_8}^{(1)}[16\sigma_\rho\sigma_j+8\sigma_j\sigma_\nu+4\sigma_e\sigma_j+4(\sigma_e\sigma_q+\sigma_\nu\sigma_q)-3]\}+$$

$$\frac{\delta_t^2}{72}\partial_{x_1}^2\partial_{y_1}\{-6Q_{p_7}^{(1)}[-\sigma_e\sigma_j+\sigma_\nu\sigma_j-4\sigma_\rho\sigma_j+2(\sigma_e\sigma_q+\sigma_\nu\sigma_q)]+$$

$$2Q_{p_1}^{(1)}(\sigma_e\sigma_j+7\sigma_j\sigma_\nu+4\sigma_\rho\sigma_j+2\sigma_e\sigma_q+10\sigma_\nu\sigma_q-2)+$$

$$2Q_{p_2}^{(1)}(2\sigma_e\sigma_q+10\sigma_\nu\sigma_q-1)\}+\frac{\delta_t^2}{72}\partial_{x_1}^3[6Q_{p_8}^{(1)}(8\sigma_j\sigma_\nu+4\sigma_\nu\sigma_q-1)]=0 \tag{4-22}$$

通过同样的简化，y 方向动量方程写为

$$\begin{aligned}\partial_{t_4}(\rho u_y)=&-\frac{\delta_t^2}{72}\partial_{y_1}^2\{\partial_{y_1}[Q_{p_1}^{(1)}(4\sigma_e\sigma_q-4\sigma_\nu\sigma_q)]+\\&6\partial_{x_1}[Q_{p_8}^{(1)}(\sigma_e+8\sigma_e\sigma_q+3\sigma_\nu)]\}-\end{aligned}$$

$$\frac{\delta_t^2}{72}\partial_{x_1}^2\{\partial_{y_1}[Q_{p_1}^{(1)}(2\sigma_e+6\sigma_\nu-4\sigma_e\sigma_q-4\sigma_\nu\sigma_q+2)]+$$
$$6\partial_{x_1}[Q_{p_8}^{(1)}(\sigma_e-4\sigma_e\sigma_q+3\sigma_\nu+1)]\}\tag{4-23}$$

4.2.2　高阶余项对数值模拟影响的分析

至此，通过展开分析可以得出力项和额外项 $\boldsymbol{Q}_\mathrm{p}$ 在高阶项的展开式，考虑到 4.1 节中提到的关于额外项调节平衡态汽液密度的问题，通过式(4-21)和式(4-23)可以分析出 $\boldsymbol{Q}_\mathrm{p}$ 的四阶展开效应对于调节的影响，注意 $\boldsymbol{Q}_\mathrm{p}$ 并未出现在三阶的展开式(4-16)中。首先可以看出，四阶项的影响相较于二阶水平的各项来说是极小的，因为四阶各项前面有着 1/72 的系数存在。四阶项轻微影响着整个相界面过渡区域的力学平衡条件，只有当多相流模拟所取的温度较低，汽相密度也较小的情况下，这种高阶影响才会在汽相密度上显现出来，但对于较大的液相密度来说并没有明显影响。

再次回顾图 4.2 中出现的现象，当 $s_e=s_\nu$ 或两者相差不大时，汽液密度分布符合解析公式给出的理论解，此时不受 $\boldsymbol{Q}_\mathrm{p}$ 的高阶项影响；当 s_e 与 s_ν 相差明显较大时，汽相密度出现了明显偏离解析结果的现象，且偏离仅在温度较低的几个点出现。对于 4.1 节模拟的一维平行相界面案例，其数值仅沿 y 方向变化，则式(4-21)和式(4-23)中关于 x 的偏微分项都为零，于是两动量方程就简化为

$$\varepsilon^4:\begin{cases}\partial_{t_4}(\rho u_x)=-\dfrac{\delta_t^2}{72}\partial_{y_1}^3[6Q_{p_8}^{(1)}(\sigma_e-4\sigma_e\sigma_q+3\sigma_\nu+1)]\\[2ex]\partial_{t_4}(\rho u_y)=-\dfrac{\delta_t^2}{72}\partial_{y_1}^3[Q_{p_1}^{(1)}(4\sigma_e\sigma_q-4\sigma_\nu\sigma_q)]\end{cases}\tag{4-24}$$

对于沿 y 方向变化的力学平衡条件仅受 y 动量方程中的余项影响，从式(4-24)的 y 方向方程可见，此时右端仅剩各向同性的项$(4\sigma_e\sigma_q-4\sigma_\nu\sigma_q)$，即$\partial_{y_1}^3$ 的微分项，若 $s_e=s_\nu$ 则此时右端为零，即对力学平衡条件没有影响，且 σ_e 和 σ_ν 相差越大，其影响就越大。同时，由式(4-24)可以得出，若取 $s_q=1.99$，则 $\sigma_q=0.0025\approx0$，也可以将式(4-24)右端项降到最小水平，注意当 $s_q=2$ 时会导致 MRT 不稳定，因此不能直接取 2。

由式(4-21)、式(4-23)和式(4-24)也可以得出两种解决方案，令 $s_e=s_\nu$ 或 $s_q=1.99$ 都可以抑制一维的平行相界面汽相密度随松弛因子 s_e 和 s_ν 的变化而偏离；然而对于二维情况，由于方程中存在各向异性的项(如$\partial_{x_1}^2\partial_{y_1}$

的微分项)，此时仅当 $s_q=1.99$ 才能抑制关于 $\boldsymbol{Q}_{\mathrm{p}}$ 的高阶项并使其为极小值，使得汽相密度不随松弛因子 s_e 和 s_ν 的变化而偏离。

4.2.3　MRT 中离散效应的跳跃分布

在上述分析中其实还有一个值得注意的地方，即 $\boldsymbol{F}_{\mathrm{p}}$ 的第 4～7 项 ($F_{\mathrm{p}_3}^{(1)}$、$F_{\mathrm{p}_4}^{(1)}$、$F_{\mathrm{p}_5}^{(1)}$、$F_{\mathrm{p}_6}^{(1)}$) 仅出现在了一阶、三阶的展开式中，而 $\boldsymbol{Q}_{\mathrm{p}}$ 的 $Q_{\mathrm{p}_1}^{(1)}$、$Q_{\mathrm{p}_2}^{(1)}$、$Q_{\mathrm{p}_7}^{(1)}$、$Q_{\mathrm{p}_8}^{(1)}$ 项则仅出现在了二阶、四阶的展开式中，实际上这并非是由于简化分析导致的，而是 MRT 中的转换矩阵与离散速度向量共同造成的这种属于不同模式的分量在各阶跳跃分布的情况，对这种性质的认识有助于在 MRT 中设计更高精度的格式，也有利于控制中、高阶项。

下面首先分析 ε^1 的展开式(4-10)，仅第一项 $F_{\mathrm{p}_0}^{(1)}$ 与 $Q_{\mathrm{p}_0}^{(1)}$ 会出现在质量方程中，而 $F_{\mathrm{p}_3}^{(1)}$、$F_{\mathrm{p}_5}^{(1)}$ 与 $Q_{\mathrm{p}_3}^{(1)}$、$Q_{\mathrm{p}_5}^{(1)}$ 则会分别出现在 x 方向和 y 方向的动量方程中，当然分析中的 $Q_{\mathrm{p}_3}^{(1)}$、$Q_{\mathrm{p}_5}^{(1)}$ 是作为零而被消去的。

同理，在 ε^2 的展开式(4-11)中，对角全为正数的对角阵 $\boldsymbol{S}^{-1}-0.5\boldsymbol{I}$ 和对角阵 $\boldsymbol{I}\partial_{t_i}$ 在矩阵乘法运算中不改变最终零元素出现的位置，$\boldsymbol{F}_{\mathrm{p}}^{(1)}$ 和 $\boldsymbol{Q}_{\mathrm{p}}^{(1)}$ 前面控制其分量是否出现在三个守恒矩方程中的矩阵其实都是 $\boldsymbol{D}_1=\boldsymbol{C}_x\partial_{x_1}+\boldsymbol{C}_y\partial_{y_1}$(见式(2-14)、式(2-15))。出现在守恒方程中的 $\boldsymbol{F}_{\mathrm{p}}^{(1)}$ 和 $\boldsymbol{Q}_{\mathrm{p}}^{(1)}$ 中的元素是由 $\boldsymbol{D}_1$ 中的第一行、第四行、第六行内的非零元素决定的，此时出现在质量方程中的是 $\boldsymbol{F}_{\mathrm{p}}^{(1)}$ 和 $\boldsymbol{Q}_{\mathrm{p}}^{(1)}$ 的第四项与第六项；$\boldsymbol{F}_{\mathrm{p}}^{(1)}$ 和 $\boldsymbol{Q}_{\mathrm{p}}^{(1)}$ 出现在 x 和 y 方向动量方程中的是第一、二、八、九项，例如 $\boldsymbol{Q}_{\mathrm{p}}^{(1)}$ 中的 $Q_{\mathrm{p}_0}^{(1)}$、$Q_{\mathrm{p}_1}^{(1)}$、$Q_{\mathrm{p}_7}^{(1)}$、$Q_{\mathrm{p}_8}^{(1)}$。

而在 ε^3 的展开式中，决定出现在三个守恒矩方程里元素位置的实际上是 $\boldsymbol{D}_1^2$ 的形式，其形式如式(4-25)所示。

此时可以看到在 ε^3 展开式中，出现在三阶质量方程中的是 $\boldsymbol{F}_{\mathrm{p}}^{(1)}$ 和 $\boldsymbol{Q}_{\mathrm{p}}^{(1)}$ 的第一、二、八、九项；而出现在动量方程中的是 $\boldsymbol{F}_{\mathrm{p}}^{(1)}$ 和 $\boldsymbol{Q}_{\mathrm{p}}^{(1)}$ 的第三、四、五、六项。这也是三阶展开式(4-16)中只有 $F_x^{(1)}$ 与 $F_y^{(1)}$，未出现 Q_{p_i} 的原因，因为上述分析中 $\boldsymbol{Q}_{\mathrm{p}}$ 的这些项为零。

进一步分析 ε^4 的展开式，其元素出现受到 $\boldsymbol{D}_1^3$ 的控制，如式(4-26)所示。

$$
\boldsymbol{D}_1^2=\begin{bmatrix}
\frac{2}{3}(\partial_{x_1}^2+\partial_{y_1}^2) & \frac{1}{6}(\partial_{x_1}^2+\partial_{y_1}^2) & 0 & 0 & 0 & 0 & 0 & \frac{1}{2}(\partial_{x_1}^2-\partial_{y_1}^2) & 2\partial_{x_1}\partial_{y_1} \\
\frac{2}{3}(\partial_{x_1}^2+\partial_{y_1}^2) & \frac{1}{2}(\partial_{x_1}^2+\partial_{y_1}^2) & \frac{1}{3}(\partial_{x_1}^2+\partial_{y_1}^2) & 0 & 0 & 0 & 0 & \frac{1}{2}(\partial_{y_1}^2-\partial_{x_1}^2) & 4\partial_{x_1}\partial_{y_1} \\
0 & \frac{1}{3}(\partial_{x_1}^2+\partial_{y_1}^2) & \frac{1}{3}(\partial_{x_1}^2+\partial_{y_1}^2) & 0 & 0 & 0 & 0 & \partial_{y_1}^2-\partial_{x_1}^2 & 4\partial_{x_1}\partial_{y_1} \\
0 & 0 & 0 & \partial_{x_1}^2+\frac{2}{3}\partial_{y_1}^2 & \frac{1}{3}\partial_{y_1}^2 & \frac{4}{3}\partial_{x_1}\partial_{y_1} & \frac{2}{3}\partial_{x_1}\partial_{y_1} & 0 & 0 \\
0 & 0 & 0 & \frac{2}{3}\partial_{y_1}^2 & \partial_{x_1}^2+\frac{1}{3}\partial_{y_1}^2 & \frac{4}{3}\partial_{x_1}\partial_{y_1} & \frac{2}{3}\partial_{x_1}\partial_{y_1} & 0 & 0 \\
0 & 0 & 0 & \frac{4}{3}\partial_{x_1}\partial_{y_1} & \frac{2}{3}\partial_{x_1}\partial_{y_1} & \frac{2}{3}\partial_{x_1}^2+\partial_{y_1}^2 & \frac{1}{3}\partial_{x_1}^2 & 0 & 0 \\
0 & 0 & 0 & \frac{4}{3}\partial_{x_1}\partial_{y_1} & \frac{2}{3}\partial_{x_1}\partial_{y_1} & \frac{2}{3}\partial_{x_1}^2 & \frac{1}{3}\partial_{x_1}^2+\partial_{y_1}^2 & 0 & 0 \\
\frac{2}{9}(\partial_{x_1}^2-\partial_{y_1}^2) & \frac{1}{18}(\partial_{y_1}^2-\partial_{x_1}^2) & \frac{1}{9}(\partial_{y_1}^2-\partial_{x_1}^2) & 0 & 0 & 0 & 0 & \frac{1}{2}(\partial_{x_1}^2+\partial_{y_1}^2) & 0 \\
\frac{8}{9}\partial_{x_1}\partial_{y_1} & \frac{4}{9}\partial_{x_1}\partial_{y_1} & \frac{2}{9}\partial_{x_1}\partial_{y_1} & 0 & 0 & 0 & 0 & 0 & \partial_{x_1}^2+\partial_{y_1}^2
\end{bmatrix}
\tag{4-25}
$$

$$\boldsymbol{D}_1^3=\begin{bmatrix} 0 & 0 & 0 & A'+2C' & C' & 2B'+D' & B' & 0 & 0 \\ 0 & 0 & 0 & A'+4C' & A'+2C' & 4B'+D' & 2B'+D' & 0 & 0 \\ 0 & 0 & 0 & 2C' & A'+C' & 2B' & B'+D' & 0 & 0 \\ \frac{2}{3}(A'+2C') & \frac{1}{6}(A'+4C') & \frac{1}{3}C' & 0 & 0 & 0 & 0 & \frac{1}{2}A' & 3B'+D' \\ \frac{4}{3}C' & \frac{1}{3}(A'+2C') & \frac{1}{3}(A'+C') & 0 & 0 & 0 & 0 & -A' & 3B'+D' \\ \frac{2}{3}(2B'+D') & \frac{1}{6}(4B'+D') & \frac{1}{3}B' & 0 & 0 & 0 & 0 & -\frac{1}{2}D' & A'+3C' \\ \frac{4}{3}B' & \frac{1}{3}(2B'+D') & \frac{1}{3}(B'+D') & 0 & 0 & 0 & 0 & D' & A'+3C' \\ 0 & 0 & 0 & \frac{1}{3}A' & -\frac{1}{3}A' & -\frac{1}{3}D' & \frac{1}{3}D' & 0 & 0 \\ 0 & 0 & 0 & \frac{2}{3}(3B'+D') & B'+\frac{1}{3}D' & \frac{2}{3}(A'+3C') & \frac{1}{3}A'+C' & 0 & 0 \end{bmatrix} \tag{4-26}$$

式(4-26)中 $A'=\partial_{x_1}^3, B'=\partial_{x_1}^2\partial_{y_1}, C'=\partial_{x_1}\partial_{y_1}^2, D'=\partial_{y_1}^3$。于是类似地，出现在 ε^4 展开式质量方程中的项为 $\boldsymbol{F}_\mathrm{p}^{(1)}$ 和 $\boldsymbol{Q}_\mathrm{p}^{(1)}$ 的第四、五、六、七项；而出现在动量方程中的是 $\boldsymbol{F}_\mathrm{p}^{(1)}$ 和 $\boldsymbol{Q}_\mathrm{p}^{(1)}$ 的第一、二、三、八、九项。重复这个过程到 ε^5、ε^6 甚至更高阶的展开式中会发现，对于 $\boldsymbol{F}_\mathrm{p}^{(1)}$ 和 $\boldsymbol{Q}_\mathrm{p}^{(1)}$ 这样引入碰撞方程式(4-1)的项，其各项分为两类。总是在各阶展开式中各自交替出现的，即第一、二、三、八、九项为一类；第四、五、六、七项为第二类，它们在不同阶的展开式中交替跳跃式出现。这也是之前对MRT进行高阶项分析时出现的现象，此时 $\boldsymbol{Q}_\mathrm{p}$ 的影响仅在二阶和四阶上，这是转换矩阵与离散速度向量共同造成的。这种特性不仅发生在 $\boldsymbol{F}_\mathrm{p}$ 和 $\boldsymbol{Q}_\mathrm{p}$ 上，也发生在各模式矩的分离中。例如 ε^1 的展开式中，$\boldsymbol{m}^{(0)}$ 前为 $\boldsymbol{D}_1$；ε^2 的展开式中，$\boldsymbol{m}^{(0)}$ 前为 $\boldsymbol{D}_1^2$；ε^3 的展开式中，$\boldsymbol{m}^{(0)}$ 前为 $\boldsymbol{D}_1^3$；ε^4 的展开式中，$\boldsymbol{m}^{(0)}$ 前为 $\boldsymbol{D}_1^4$，这在一定程度上可以保证各阶展开式中，实现不同模式的矩作用的相互分离。

利用MRT的这种特性，有助于在设计具体格式或引入额外项的时候适度提高其数值精度，例如引入 $\boldsymbol{Q}_\mathrm{p}$ 就不会在恢复的NS方程中出现一阶和三阶项。这个特性将会在第5章设计黏性计算格式时用到，在需要设置一些高阶微分项时，也可以通过这个特性来巧妙地设计。

4.3　数值验证

4.2.2节通过高阶项分析，判断了多相流平衡态时汽相密度随松弛因子变化的原因，并提出了两个解决方法。下面通过平行相界面、静态液滴、运动液滴来分别验证从高阶展开分析中得出的解决方案。

4.3.1　平行相界面验证

此处采用平行相界面案例来验证前述的数学推导结论，在4.1节中展示了当不使用和使用额外项 $\boldsymbol{Q}_\mathrm{p}$ 的汽液平衡密度结果，图4.2也证明了当 $s_e=s_\nu$ 时可以抑制四阶项对汽相密度的影响，这已经验证了4.2.2节提出的第一种抑制方案的正确性。本节仍采用与4.1节相同的计算域配置及参数等，并令 $s_q=1.99$ 以观察4.2.2节提出的第二种抑制方法的效果，结果如图4.3所示。由图可见，此时即使 s_e 和 s_ν 相差较大，汽相密度也能被抑制得很好，不再出现如图4.2那样的偏离解析式结果的情况，这证明了4.2节中四阶展开分析证明以及提出的两种解决方案的正确性。

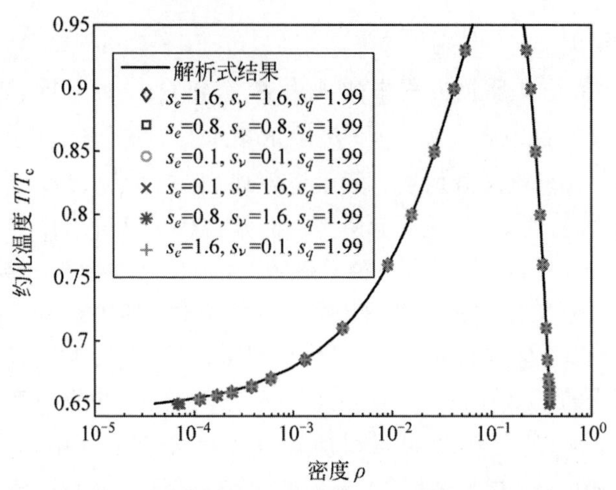

图 4.3　$\epsilon=1$ 时的模拟平行相界面平衡态汽液密度与解析结果在不同松弛因子下的对比

第 2 章中提到，$1-6k_1$ 用于调节表面张力大小，而 $\epsilon=-8(k_1+k_2)$ 则用于调节汽液平衡的界面力学条件，图 4.2 与图 4.3 中取 $k_1=0$ 以隔离表面张力调节影响，同时 Q_{p_7} 和 Q_{p_8} 也变为零了。此处需要取 $k_1=0.0667$ 且 $k_2=-0.1917$ 再次进行验证，此时仍有 $\epsilon=1$，但 Q_{p_7} 和 Q_{p_8} 非零。结果如图 4.4 所示，所得出的结果仍旧符合前面的结论。需要指出的是，对于不稳定的参数设置($s_e=1.6, s_\nu=0.1, s_q=1.99$)案例来说，由于体积黏性远

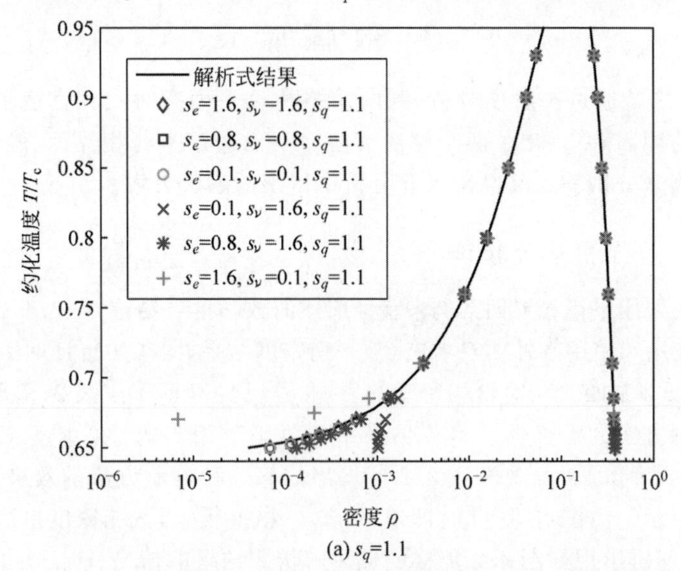

(a) $s_q=1.1$

图 4.4　$\epsilon=1$ 时的模拟平行相界面平衡态汽液密度与解析结果在不同松弛因子下的对比

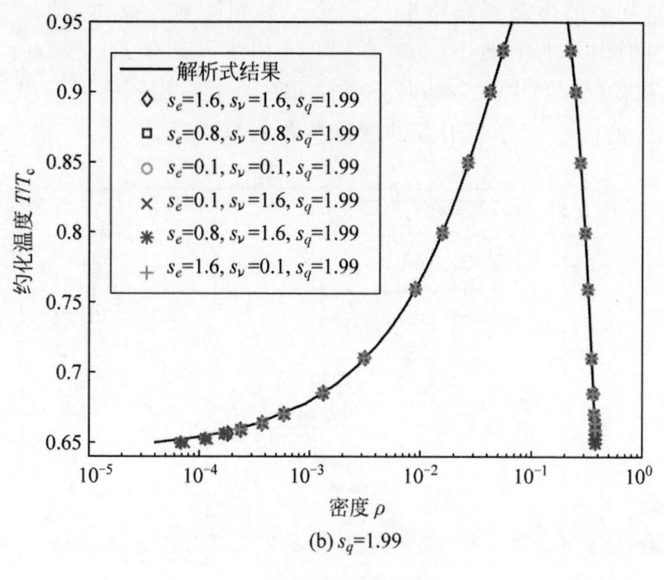

(b) s_q=1.99

图 4.4 （续）

小于剪切黏性造成的数值不稳定，导致图 4.4(b)接近最低温度的几个点发生了数值发散而不能达到平衡态，因而没有被列入图中。

4.3.2　静态液滴验证

4.3.1 节是对于一维平行相界面案例进行的数值验证，本节将采用二维的静态液滴观察其平衡态状态，以验证所提两个解决方案在二维案例中的适用情况。此处采用 200×200 的计算域，四周为周期边界条件，中心初始化一个半径为 50 的液滴，CS 状态方程参数及未在此提及的参数仍采用 4.1 节中的设置。$k_1=0.06667$，$k_2=-0.28542$，$\epsilon=1.75$。由于二维伪势力和表面张力的存在，液滴的平衡态汽液密度及最低温度限值并不能直接由力学平衡条件式(2-44)解析地给出，此处需要一个汽液平衡态密度的参考标准线。取图 4.5(b)中最稳定的第四个案例的值为标准线，其松弛参数为 $s_e=0.1$，$s_\nu=1.6$，$s_q=1.99$。对于二维案例来说，式(4-21)和式(4-23)表征了额外项 $\boldsymbol{Q}_{\mathrm{p}}$ 在四阶项上的影响。

图 4.5 展示了 $s_q=0.8$ 与 $s_q=1.99$ 下静态液滴达到平衡态后汽液密度与标准案例的对比。可见图 4.5(a)中当 $s_q=0.8$ 时，仍出现了汽相密度随不同的 s_e 和 s_ν 变化的情况，且正如之前根据公式的分析，对于二维的情

况，$s_e=s_\nu$ 并不能抑制汽相密度的变化。例如图 4.5(a)的前三个案例，即使 $s_e=s_\nu$，但由于取值的不同也发生了汽相密度的偏离，这是由于受到了式(4-21)和式(4-23)中存在的各向异性项的影响，由公式可看出 $s_e=s_\nu$ 并不能在二维的曲线相界面附近抑制这些各向异性项。

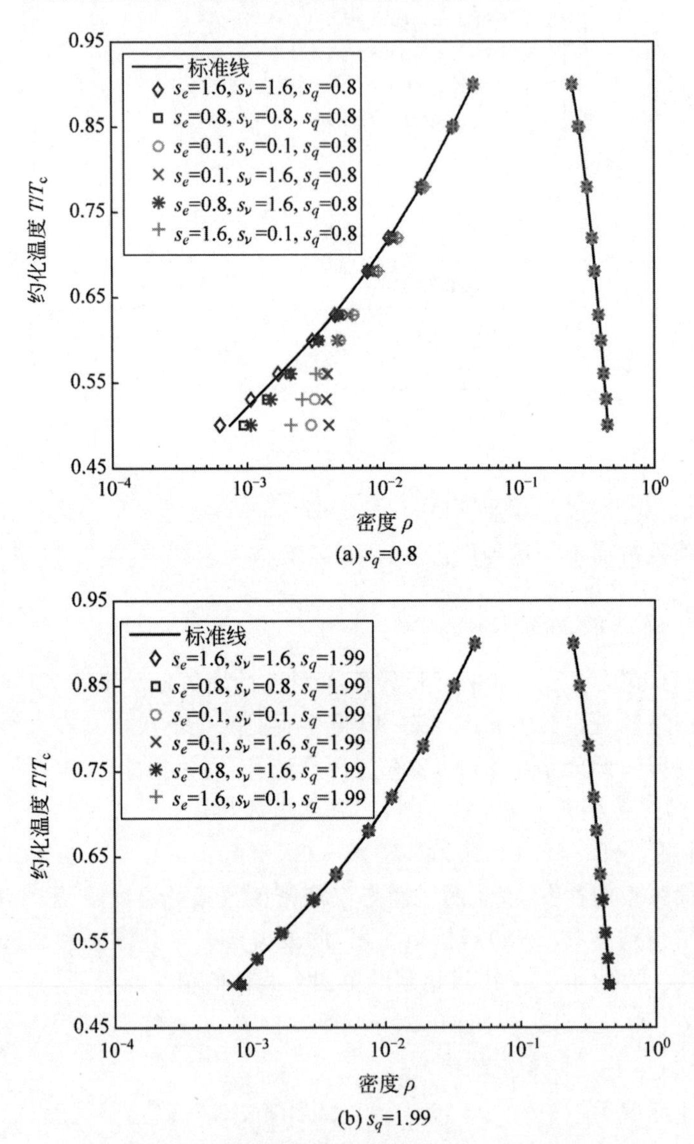

图 4.5 $\epsilon=1.75$ 时的模拟静止液滴平衡态汽液密度与参考结果在不同松弛因子下的对比

然而在 $s_q=1.99$ 的图 4.5(b)中可见，此时通过第二种方案仍然能够抑制汽相密度随不同 s_e 和 s_ν 的变化，其汽相密度几乎统一在标准线上。通过 4.2.2 节的分析可知，这是由于 $s_q=1.99$ 能够同时抑制式(4-21)和式(4-23)中的各向同性项和各向异性项。因此对于二维的模拟，第一种抑制四阶项的方案(令 $s_e=s_\nu$)失效了，但第二种方案(令 $s_q=1.99$)仍然是有效的。同样，此处图 4.5(b)中第六个案例，由于不稳定的参数设置($s_e=1.6, s_\nu=0.1, s_q=1.99$)，使得体积黏性远小于剪切黏性，其低温的几个点由于数值发散而无法达到平衡态。

通过一维平行相界面与二维静态液滴的数值案例，验证了本章对于四阶项展开的数学分析以及提出的解决方案的正确性，通过对四阶项的分析，能够解释并解决实际数值模拟中出现的汽相密度随不同松弛因子 s_e 和 s_ν 而变化的非物理现象。

4.3.3　运动液滴验证

尽管之前的数学推导是在平衡态假设下完成的，但由于找出了四阶展开中对于汽相密度影响最大的项，因此也有理由推断，上述的解决方案仍然能够在运动液滴案例中维持汽相密度不发生非物理的偏移。此节采用运动液滴来验证上述的抑制方案二是否仍有作用。

此处采用与 4.3.2 节相同的计算参数配置，初始化一个静态液滴并计算使其达到平衡态后，所有液相点被施加 x 方向的速度 $u_x=0.01$，然后运动液滴被模拟 80000 时间步之后到达稳定移动状态，并测量运动中的汽液密度。此处仍然取与 4.3.2 节相同的参数为标准线以作为对比，汽相密度取为 $y=1$ 处所有点的均值以避免移动带来的汽相密度波动影响。由图 4.6 可见，其出现的情况仍与静态液滴的结果一致，$s_q=0.8$ 的图 4.6(a)都出现了汽相密度随松弛因子偏离的情况，而 $s_q=1.99$ 的图 4.6(b)显示运动的案例仍然能够很好地维持汽相密度不随松弛因子而变化，这说明前面提出的两类抑制方案在动态案例中仍然适用。同样，此处图 4.6(b)中第六个案例由于不稳定的参数设置($s_e=1.6, s_\nu=0.1, s_q=1.99$)导致低温的几个点在计算中发生了数值发散。

本节的案例说明，尽管之前的数学推导是基于平衡态假设做出的，但由于抓住了主要的影响项，其在运动案例中仍然是适用的，即在运动的案例中可以采用 $s_q=1.99$ 来抑制不想要的汽态密度变化的非物理效应。

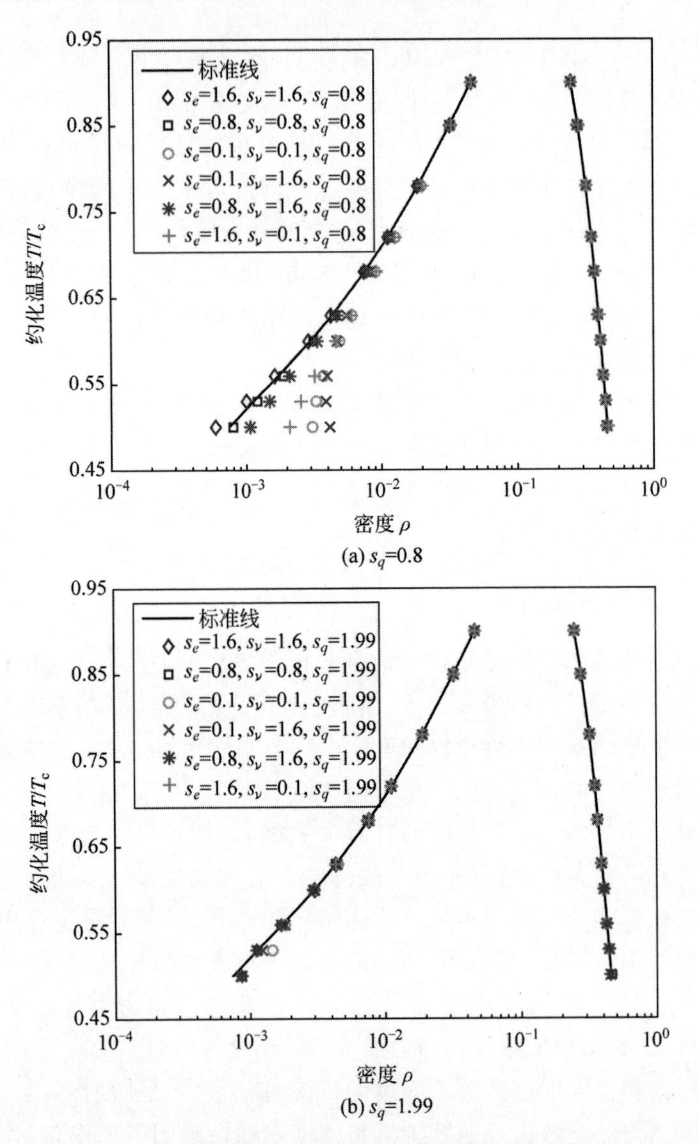

(a) s_q=0.8

(b) s_q=1.99

图 4.6 ϵ=1.75 时的模拟运动液滴平衡态汽液密度与参考结果在不同松弛因子下的对比

4.4 本章小结

本章采用数值手段实际模拟了平行相界面、静态液滴、运动液滴三种数值案例，验证了 4.2 节中对高阶项的数学展开分析得到的结论。通过数值案例的结果可以很好地验证对于高阶项影响的分析，即由于采用额外项 $\boldsymbol{Q}_{\mathrm{p}}$ 来调节力学平衡条件，其四阶项仍然具有一些影响，使得汽相密度随不同的 s_e 和 s_ν 变化而变化，当温度较低且汽相密度较低时这种影响就会显现出来。通过数学分析的结果式(4-21)和式(4-23)可以解释并解决这种现象。对于一维案例，由于仅存在各向同性的四阶项，采用 $s_e=s_\nu$ 即可以较好地抑制这种非物理效应，令 $s_q=1.99$ 也同样可以抑制；而对于二维的案例来说，由于四阶项中同时存在了各向异性和各向同性的高阶项，此时令 $s_e=s_\nu$ 并不能抑制汽相密度的偏离，而令 $s_q=1.99$ 的方法仍然能有效抑制偏离，因此可以在二维的时候加以采用。

同时在模拟中可以看到，当各松弛因子接近 2 时会触发 MRT 格式中的数值不稳定，且在 $s_e \gg s_\nu$ 的情况下(即体积黏性远小于剪切黏性)会触发数值不稳定导致计算终止。在实际模拟中若 s_e 和 s_ν 都比较接近 2 时(即高雷诺数运动)，所有被引入的四阶项系数实际上都比较小，故可以稍微放松 s_q 的取值使数值稳定性有所提高。

第5章 解耦且稳定化的MRT算法

5.1 本章背景

在 LBM 发展的过程中,数值稳定性一直是其所关心的主要问题之一,无论是单相流还是多相流,当面临高雷诺数的时候 LBM 都会遇到数值发散的问题。它在计算多相流时还会遇到在高韦伯数、高汽液密度比下的数值不稳定,这极大地限制了 LBM 的应用范围,使其相比基于 NS 方程求解的各类算法来说也缺乏竞争优势。在实际的工业问题及研究中,通常遇到的都是这些高参数下的问题,有很多物理机制至今仍是需要科学界进行探究的重要问题。

在众多实际多相流应用中,基本的运动包括液滴对撞、液滴在液层表面溅射、液滴碰壁、单气泡的生长湮灭与运动变形、气泡的聚并破碎等,这些基本的过程在宏观尺度或介观尺度组合形成了众多复杂现象。这些基本过程受到密度比、黏性、表面张力、外力、表面粗糙度、表面亲疏水性的影响,又呈现出各种复杂的形态演化,进而导致宏观的工业过程受到明显的影响。对于这些小尺度基本过程可以通过实验手段和数值手段进行研究,而实验手段受限于小尺度、可测量时间极短、测量手段不足影响,目前仅能从其形态演化图像得到一些信息[16-17,19-20]。数值手段如 VOF、Level-set、Phase field、LBM、Front-tracking 等方法可以得到更多关于黏性、表面张力和细节影响的信息,但也都存在各自的缺陷。尤其在涉及高汽液密度比、高速、高雷诺数、高韦伯数下的复杂形态演化时,这些方法都遇到了数值发散和界面追踪或捕捉错误的问题,并不能很好地研究这些复杂形态下的具体问题,也难以在实际应用中对大尺度多体混合演化有实用性。

因此近十几年 LBM 的研究重点集中在采用各种变体方法提高其计算性能,从最早的单松弛(LBGK)方法[29,32]到后来的多松弛(MRT)方法[48,50],熵格子玻尔兹曼方法(entropic LBM)[51-52],LBM 界面求解器(LBFS)[58],级联 LBM(cascaded LBM)[54-55]等。这些方法在求解流程上参考熵的 H 定理、有限体积法、中心矩等思想各自在 LBM 的计算流场上有很大的改进且各有优势。提出这些方法的主要目的还是为了提高 LBM 在高参数下模拟案例的数值稳定性，以使得 LBM 能够求解更复杂的问题。目前相比于其他界面类方法，由于数值稳定性和二阶数值黏性余项的原因，LBM 一般被认为是一种适用于中低雷诺数的数值方法[33]，尽管 LBM 在目前学界模拟研究中有其独到的视角和优势，但其在高雷诺数、高韦伯数下的数值稳定性仍有待提高。

本章在前述稳定性与 MRT 研究的基础之上，进一步提出一种解耦且稳定化(decoupled and stabilized)的 MRT 算法，将 MRT 中在二阶展开时黏性与松弛因子的关系解耦，同时消除了二阶项中存在的 $O(u^3)$数值余项误差，且解耦的松弛因子将用于稳定化 LBM 计算中出现的数值不稳定性，并实现低速到高速的伽利略不变性。本章也将 MRT 中的作用力格式做了简化，去掉了作用力与速度乘积的耦合项，这有助于隔绝异常相间作用力与异常相间速度的相互影响。后文将采用具体的多相流应用案例来证明本章提出的解耦 MRT 在高汽液密度比、高雷诺数、高韦伯数的情况下使用时数值稳定性有明显提升，同时也研究了这些案例的液滴动力演化机制。

5.1 节是本章背景，介绍了 LBM 与其他计算多相流方法的横向对比，并说明了解耦 MRT 的目的和创新性；5.2 节主要描述了解耦 MRT 算法的推导过程以及提出的稳定化方案；5.3 节主要使用各种标准数值案例去验证所提出的解耦 MRT 算法的作用力格式准确性、空间精度、守恒性、无黏性流动、伽利略不变性、恢复表面张力正确性等，以证明解耦 MRT 数学推导的正确性以及在实际单相和多相模拟中的可用性；5.4 节使用实际多相流基本过程如液滴对撞、液滴溅射、液滴碰壁等案例来说明解耦 MRT 在模拟高参数时优良的数值稳定性，并研究了不同黏性、表面张力、速度下多相流的演化机理；5.5 节是本章小结。

5.2　解耦且稳定化的 MRT 算法推导过程

5.2.1　解耦的 MRT 算法框架

在之前的 LBGK 与 MRT 的 LBM 算法中，由于能量矩与黏性矩的一阶非平衡态部分 $m_1^{(1)}$、$m_7^{(1)}$ 和 $m_8^{(1)}$ 出现在二阶动量方程中，为动量方程引入了与松弛因子 s_e 和 s_ν 相关的体积黏性和运动黏性项，这也意味着在实际使用过程中需要采用极不稳定的黏性矩过松弛模式来复现低黏性案例。

同时 2.4 节中也提到，若要将 LBM 的计算尺度恢复到较为宏观的实际物理案例，除了采用大规模网格外，低黏性也是必不可少的条件之一，解决低黏性带来的不稳定过松弛问题是本节提出解耦 MRT 算法框架的主要目的，其主要思想是将 MRT 中在二阶展开时黏性与松弛因子的关系解耦，且解耦的松弛因子将用于稳定化 LBM 计算中出现的数值不稳定性。

本节仍采用查普曼-恩斯库格展开分析的方法推导解耦 MRT 算法，MRT 在矩空间的碰撞步可以写为

$$\begin{aligned}\boldsymbol{m}^{*}(\boldsymbol{x},t)=\boldsymbol{m}(\boldsymbol{x},t)-\boldsymbol{S}(\boldsymbol{m}(\boldsymbol{x},t)-\boldsymbol{m}^{\mathrm{eq}}(\boldsymbol{x},t))+\\ \delta_t\boldsymbol{F}_{\mathrm{m}}(\boldsymbol{x},t)+\boldsymbol{S}\boldsymbol{Q}(\boldsymbol{x},t)+\boldsymbol{S}\boldsymbol{Q}_{\mathrm{p}}(\boldsymbol{x},t)\end{aligned}\tag{5-1}$$

这里引入的 $\boldsymbol{Q}$ 与 $\boldsymbol{Q}_{\mathrm{p}}$ 是类似的额外项，$\boldsymbol{Q}$ 用于在之后引入黏性项，$\boldsymbol{Q}_{\mathrm{p}}$ 仍如第 2 章和第 4 章中分析的用于调节多相流平衡态汽液密度以及表面张力，因此在之后的展开分析中将不再出现 $\boldsymbol{Q}_{\mathrm{p}}$。仍采用式(2-16)的多尺度展开将各算子及变量进行展开，此处新加入的 $\boldsymbol{Q}=\varepsilon\boldsymbol{Q}^{(1)}$，其他变量的意义仍如第 2 章所示。将展开式按各阶写出为

$$\varepsilon^{0}:\boldsymbol{m}^{(0)}=\boldsymbol{m}^{(\mathrm{eq})}\tag{5-2}$$

$$\varepsilon^{1}:(\boldsymbol{I}\partial_{t_1}+\boldsymbol{D}_1)\boldsymbol{m}^{(0)}=-\frac{\boldsymbol{S}}{\delta_t}\boldsymbol{m}^{(1)}+\boldsymbol{F}_{\mathrm{m}}^{(1)}+\frac{\boldsymbol{S}}{\delta_t}\boldsymbol{Q}^{(1)}\tag{5-3}$$

$$\varepsilon^{2}:\partial_{t_2}\boldsymbol{m}^{(0)}+(\boldsymbol{I}\partial_{t_1}+\boldsymbol{D}_1)\boldsymbol{m}^{(1)}+\frac{\delta_t}{2}(\boldsymbol{I}\partial_{t_1}+\boldsymbol{D}_1)^2\boldsymbol{m}^{(0)}=-\frac{\boldsymbol{S}}{\delta_t}\boldsymbol{m}^{(2)}\tag{5-4}$$

在此令

$$\varepsilon(\boldsymbol{I}\partial_{t_1}+\boldsymbol{D}_1)\boldsymbol{m}^{(0)}=\boldsymbol{B}\tag{5-5}$$

$\boldsymbol{B}=[0,B_1,B_2,B_3,B_4,B_5,B_6,B_7,B_8]^{\mathrm{T}}$，且 $\boldsymbol{B}=\varepsilon\boldsymbol{B}^{(1)}$。然后通过式(5-3)，$\boldsymbol{m}^{(1)}$ 可以写为

$$\boldsymbol{m}^{(1)}=\delta_t\boldsymbol{S}^{-1}\left(\boldsymbol{F}_{\mathrm{m}}^{(1)}+\frac{\boldsymbol{S}}{\delta_t}\boldsymbol{Q}^{(1)}-\boldsymbol{B}^{(1)}\right)\tag{5-6}$$

将式(5-5)和式(5-6)代入二阶式(5-4)得：

$$\begin{aligned}&\varepsilon^{2}:\partial_{t_2}\boldsymbol{m}^{(0)}+\delta_t(\boldsymbol{I}\partial_{t_1}+\boldsymbol{D}_1)\cdot\\&\left(\boldsymbol{S}^{-1}\boldsymbol{F}_{\mathrm{m}}^{(1)}+\frac{1}{\delta_t}\boldsymbol{Q}^{(1)}-\boldsymbol{S}^{-1}\boldsymbol{B}^{(1)}+\frac{1}{2}\boldsymbol{B}^{(1)}\right)=-\frac{\boldsymbol{S}}{\delta_t}\boldsymbol{m}^{(2)}\end{aligned}\tag{5-7}$$

进一步，此处采用一个新的作用力格式替代原 MRT 中的作用力格式(2-10)，用于消除上述二阶方程中出现的 $\boldsymbol{B}^{(1)}$：

$$\boldsymbol{F}_{\mathrm{m}}=\left(\boldsymbol{I}-\frac{\boldsymbol{S}}{2}\right)[0,B_1,B_2,F_x,-F_x,F_y,-F_y,B_7,B_8]^{\mathrm{T}}\tag{5-8}$$

$$\boldsymbol{Q}=[0,\boldsymbol{Q}_1,\boldsymbol{Q}_2,0,0,0,0,\boldsymbol{Q}_7,\boldsymbol{Q}_8]^{\mathrm{T}} \tag{5-9}$$

考虑宏观密度和速度的定义式(2-9)，即守恒矩，有 $m_0=\rho, m_3=\rho u_x-\delta_t F_x/2, m_5=\rho u_y-\delta_t F_y/2$，结合守恒矩的一阶方程式(5-2)，得出：

$$\begin{cases} m_0^{(1)}=0, & m_0^{(n)}=0(\forall n\geqslant 2) \\ m_3^{(1)}=-\dfrac{\delta_t}{2}F_x^{(1)}, & m_3^{(n)}=0(\forall n\geqslant 2) \\ m_5^{(1)}=-\dfrac{\delta_t}{2}F_y^{(1)}, & m_5^{(n)}=0(\forall n\geqslant 2) \end{cases} \tag{5-10}$$

于是结合式(5-3)、式(5-8)、式(5-9)、式(5-10)可以直接得出：

$$B_3^{(1)}=F_x^{(1)},\quad B_5^{(1)}=F_y^{(1)} \tag{5-11}$$

而此时在式(5-7)中的向量 $\boldsymbol{S}^{-1}\boldsymbol{F}_{\mathrm{m}}^{(1)}-\boldsymbol{S}^{-1}\boldsymbol{B}^{(1)}+\boldsymbol{B}^{(1)}/2$ 除了第五项分量和第七项分量之外的都为零，但第五项和第七项并不会出现在一阶和二阶展开的质量方程和动量方程之中，对恢复的二阶精度 NS 方程没有影响。因此也就不会出现从一阶非平衡态矩 $m_1^{(1)}$、$m_7^{(1)}$ 和 $m_8^{(1)}$ 所引入的黏性项，此时将二阶展开的质量方程和动量方程写出：

$$\partial_{t_2}\rho=0 \tag{5-12}$$

$$\partial_{t_2}(\rho u_x)+\partial_{x_1}\left(\frac{1}{6}\boldsymbol{Q}_1^{(1)}+\frac{1}{2}\boldsymbol{Q}_7^{(1)}\right)+\partial_{y_1}(\boldsymbol{Q}_8^{(1)})=0 \tag{5-13}$$

$$\partial_{t_2}(\rho u_y)+\partial_{x_1}(\boldsymbol{Q}_8^{(1)})+\partial_{y_1}\left(\frac{1}{6}\boldsymbol{Q}_1^{(1)}-\frac{1}{2}\boldsymbol{Q}_7^{(1)}\right)=0 \tag{5-14}$$

可见，此时仅有额外项 $\boldsymbol{Q}$ 出现在二阶的展开式之中。将零阶至二阶的守恒矩展开式进行类似第 2 章中的求和，其零阶和一阶展开式与第 2 章中相同，此处不再赘述，经过求和可以得到恢复的宏观 NS 方程为

$$\partial_t\rho+\nabla\cdot(\rho\boldsymbol{u})=0 \tag{5-15}$$

$$\partial_t(\rho\boldsymbol{u})+\nabla\cdot(\rho\boldsymbol{u}\boldsymbol{u})=\boldsymbol{F}-\nabla\cdot\boldsymbol{E}-\nabla(\rho/3) \tag{5-16}$$

$$\boldsymbol{E}=\begin{bmatrix} \dfrac{1}{6}\boldsymbol{Q}_1+\dfrac{1}{2}\boldsymbol{Q}_7 & \boldsymbol{Q}_8 \\ \boldsymbol{Q}_8 & \dfrac{1}{6}\boldsymbol{Q}_1-\dfrac{1}{2}\boldsymbol{Q}_7 \end{bmatrix} \tag{5-17}$$

可见这里恢复的是附带额外项 $\boldsymbol{Q}$ 的微分项的无黏方程，且与第 2 章原始的 MRT 式(2-32)相比，推导过程未采用低马赫数假设($Ma\ll 1$)，恢复的动量方程中并没有 $O(u^3)$ 的数值余项，因此也没有 LBGK 和原始 MRT 中关于低速的计算限制($u\ll c_{\mathrm{s}}^2$)。

可以通过额外项 $\boldsymbol{Q}$ 为无黏的 NS 方程引入准确的体积黏性项和动力黏性项，令 $\boldsymbol{Q}$ 中的项为

$$\begin{cases} Q_1 = -Q_2 = -6(\lambda+\mu)\left(\dfrac{\partial u_x}{\partial x}+\dfrac{\partial u_y}{\partial y}\right) \\ Q_7 = -2\mu\left(\dfrac{\partial u_x}{\partial x}-\dfrac{\partial u_y}{\partial y}\right) \\ Q_8 = -\mu\left(\dfrac{\partial u_x}{\partial y}+\dfrac{\partial u_y}{\partial x}\right) \end{cases} \tag{5-18}$$

这里 $\mu=\rho\nu$ 是动力黏性，而 λ 为与体积黏性 μ_{b} 有关的项，在二维和三维中可以分别表示为

$$\text{二维：}\lambda=\mu_{\mathrm{b}}-\mu \tag{5-19}$$

$$\text{三维：}\lambda=\mu_{\mathrm{b}}-\frac{2}{3}\mu \tag{5-20}$$

μ 和 λ 可以在实际数值计算中根据需要直接给出，且不再与松弛因子 s_e 和 s_ν 相关。于是，通过如上分析恢复的完整 NS 方程的动量方程可写为

$$\partial_t(\rho u_i)+\partial_{x_k}(\rho u_i u_k)=F_i-\frac{1}{3}\frac{\partial\rho}{\partial x_i}+\frac{\partial}{\partial x_i}\left(\lambda\frac{\partial u_k}{\partial x_k}\right)+ \frac{\partial}{\partial x_k}\left[\mu\left(\frac{\partial u_i}{\partial x_k}+\frac{\partial u_k}{\partial x_i}\right)\right] \tag{5-21}$$

至此，仍然剩下两个待解决的问题，即如何计算 $\boldsymbol{B}$ 和 $\boldsymbol{Q}$。在式(5-5)中，一阶矩 $\boldsymbol{m}^{(0)}=\boldsymbol{m}^{(\mathrm{eq})}$ 在每一时间步都是知道的，可用宏观密度和速度求出，但由于在矩空间中求解微分方程较为麻烦，可以将其转换到速度空间中进行求解，在式(5-5)左端乘以 $\boldsymbol{M}^{-1}$：

$$\partial_t f_\alpha^{\mathrm{eq}}(\boldsymbol{x},t)+\boldsymbol{e}_\alpha\cdot\nabla f_\alpha^{\mathrm{eq}}(\boldsymbol{x},t)=\boldsymbol{M}_{\alpha i}^{-1}B_i(\boldsymbol{x},t)+\varepsilon^2\partial_{t_2}f_\alpha^{\mathrm{eq}}(\boldsymbol{x},t) \tag{5-22}$$

这里 $\varepsilon^2\partial_{t_2}f_\alpha^{\mathrm{eq}}(\boldsymbol{x},t)$ 是为满足二阶时间展开而保留的余项，将式(5-22)沿特征线离散可得：

$$\begin{aligned} B_i = {} & \frac{1}{2}\boldsymbol{M}_{i\alpha}\left[f_\alpha^{\mathrm{eq}}(\boldsymbol{x},t)-f_\alpha^{\mathrm{eq}}(\boldsymbol{x}-\boldsymbol{e}_\alpha\delta_t,t-\delta_t)+\right. \\ & \left. f_\alpha^{\mathrm{eq}}(\boldsymbol{x}+\boldsymbol{e}_\alpha\delta_t,t)-f_\alpha^{\mathrm{eq}}(\boldsymbol{x},t-\delta_t)\right]+ \\ & \frac{1}{2}\boldsymbol{M}_{i\alpha}\left[f_\alpha^{\mathrm{eq}}(\boldsymbol{x},t)-2f_\alpha^{\mathrm{eq}}(\boldsymbol{x},t-\delta_t)+\right. \\ & \left. f_\alpha^{\mathrm{eq}}(\boldsymbol{x},t-2\delta_t)\right]-\varepsilon^2\partial_{t_2}m_i^{(0)}+O(\delta_t^3)_i \end{aligned} \tag{5-23}$$

这里出现的截断误差 $O(\delta_t^3)_i$ 表示在离散中产生的三阶及以上的偏微分余项，由于 $\boldsymbol{B}$ 不出现在一阶展开式中的三个守恒矩方程中，而仅出现在二阶式(5-7)中，于是其截断误差为 $\delta_t(\boldsymbol{I}\partial_{t_1}+\boldsymbol{D}_1)O(\delta_t^3)_i$，即为恢复的宏观NS方程中的四阶的数值误差 $O(\delta_t^4)$。而对于尺度误差 $\varepsilon^2\partial_{t_2}m_i^{(0)}$ 以 $\boldsymbol{B}^{(1)}$ 形式 $\varepsilon^1\partial_{t_2}m_i^{(0)}$ 代入二阶式后可见其是 ε^3 上的时间尺度误差。因此可以说求解 $\boldsymbol{B}$ 的过程中带来的误差对于所恢复的宏观NS方程来说都是高阶微分或高阶时间尺度上的误差，其影响很小。

$\boldsymbol{Q}$ 被用于恢复NS方程中的黏性微分式(5-18)，可以采用与伪势模型中相似的差分模板恢复式(5-18)中关于速度的微分项：

$$\nabla u_i=\sum_{\alpha=1}^{8}w(|\boldsymbol{e}_\alpha|^2)u_i(\boldsymbol{x}+\boldsymbol{e}_\alpha)\boldsymbol{e}_\alpha+O(\nabla^3 u_i) \tag{5-24}$$

此处由于差分出现的截断误差为三阶微分项，考虑 $\boldsymbol{Q}$ 是在二阶展开式中引入的，前面自带一次空间微分，因此式(5-24)中的误差实际上在恢复的宏观NS方程中为四阶微分误差 $O(\nabla^4 u_i)$。用此方法引入的黏性项也不会在LBGK和原始MRT的二阶展开式上产生如式(2-28)的$\partial_{k_1}(\rho u_x^2 u_k)$数值余项。此处其实还利用了4.2.3节分析的离散效应的阶跃分布。由于 $\boldsymbol{Q}$ 仅会在二阶展开式和四阶展开式中出现在三个守恒矩方程中，可以进一步判定格式(5-24)仅在四阶展开项上带来关于其主要项 $\sum_\alpha w(|\boldsymbol{e}_\alpha|^2)u_i(\boldsymbol{x}+\boldsymbol{e}_\alpha)\boldsymbol{e}_\alpha$ 引入MRT的四阶微分的极小误差，因此通过这个设计可以使得仅采用最近相邻节点构造的格式模板取得较高的数值精度。

对于 $\boldsymbol{Q}_{\mathrm{p}}$ 采用与第2章式(2-41)同样的取法即可。在此总结一下解耦的MRT计算流程和框架，与第2章所述的计算流程相比仅有两处不同：一是采用新的作用力格式(5-8)代替了原来的式(2-10)，消除了受松弛因子控制的黏性项；二是采用额外项 $\boldsymbol{Q}$ 来直接引入黏性应力项。唯一的额外工作就是通过式(5-23)和式(5-24)计算 $\boldsymbol{B}$ 和 $\boldsymbol{Q}$，实际计算 $\boldsymbol{B}$ 的分量时可以仅计算其中所需的 B_1,B_2,B_7,B_8。因此，解耦的MRT算法框架仍保持了原始MRT计算流程简单清晰，局部性好，易于并行的优点。

至此，通过本节的推导给出了一个松弛因子与黏性系数解耦的MRT算法框架，且不再像传统方法那样在二阶NS方程上引入 $O(u^3)$ 的数值黏性。在作用力格式(5-8)中作用力的引入直接用 F_x 和 F_y 即可，不再与速度相关联；正如第3章对多相流稳定性的分析，界面附近的伪势力与异常速度相乘带来的混合影响在数值计算中也不再存在。通过本节的二阶展开推导,可以从数学上断定此解耦的 MRT-LBM 算法不存在低马赫数限制,应当具备高速下的伽利略不变性,且具有二阶空间的精度。该解耦 MRT 算法还可以方便地用于研究非牛顿流体与无黏流体(无黏方程在例如声学计算中也存在实际应用)。当然通过 5.2.2 节的稳定化方案,同样能使其用于稳定求解很多高参数下的多相流过程。

5.2.2　稳定化方案

在 5.2.1 节中已经将松弛因子 s_e 和 s_ν 与黏性应力解耦,实现了准确恢复黏性的二阶 NS 方程,在本节中将进一步利用具有自由度的松弛因子实现 LBM 中的数值稳定性。尽管松弛因子 s_e 和 s_ν 不再控制黏性,但在实际模拟时仍需要设置一个值,此处将其按照已定的黏性系数进行取值:

$$s_e = \beta_e \Big/ \left[\frac{\mu_{\mathrm{b}}}{\rho c_{\mathrm{s}}^2 \delta_t} + \frac{1}{2}\right] \tag{5-25}$$

$$s_\nu = \beta_\nu \Big/ \left[\frac{\mu}{\rho c_{\mathrm{s}}^2 \delta_t} + \frac{1}{2}\right] \tag{5-26}$$

式(5-25)与式(5-26)是依据原始 MRT 的定义式(2-6)反推给出的,前面的自由系数 β_e 和 β_ν 可以用于自由调节数值稳定性,通常设为 0.3～0.9 可以带来明显的数值稳定性提升,由于松弛因子与黏性解耦并不会对数值黏性造成改变,后面会用具体数值案例进行验证。此后若没有特殊说明就表示 $\beta=\beta_e=\beta_\nu$。

在第 3 章中分析过维持概率密度分布函数的正值性对于提升数值稳定性有着重要作用,得益于此解耦的 MRT 算法,可以在遇到负分布函数的节点通过调节松弛因子 s_e 和 s_ν 以实现分布函数的正值。具体的稳定化方案如下:在碰撞步后检查式(2-11)的临时局部分布函数 $f_\alpha^*(\boldsymbol{x},t)$,若出现负值,则重新调节 s_e 和 s_ν,并用新的松弛因子重做碰撞步。

依据逆转换矩阵式(2-4),可以将 $f_\alpha^*(\boldsymbol{x},t)$ 分为四组:$\mathrm{A}=\{f_1^*, f_3^*\}$;$\mathrm{B}=\{f_2^*, f_4^*\}$;$\mathrm{C}=\{f_5^*, f_7^*\}$;$\mathrm{D}=\{f_6^*, f_8^*\}$。由于 m_1^* 与 m_2^*(或 m_7^* 与 m_8^*)是 s_e(或 s_ν)的单调线性函数,同组内的分布函数 $f_\alpha^*(\boldsymbol{x},t)$ 会随 s_e 和 s_ν 变化同步增加或减少。通常情况下,负的 $f_\alpha^*(\boldsymbol{x},t)$ 在一个节点上仅会出现在一个方向,也就是只在 A、B、C、D 的单一组内,一般这也是作用力在速度空间的最大幅度的投影方向。

首先,若发现某节点负分布函数 $f_\alpha^*(\boldsymbol{x},t)$ 在四组之一时,定义这组为无效组，并在这组内定义一个临时变量为其中的负分布函数的值：

$$\tilde{f}=\min\{f_{\alpha}^{*},f_{\bar{\alpha}}^{*}\},\quad f_{\alpha}^{*}<0 \text{ 或 } f_{\bar{\alpha}}^{*}<0 \tag{5-27}$$

考虑到逆矩阵 $\boldsymbol{M}^{-1}$ 是满秩的，分布函数受到的来自不同矩模式的改变是线性独立的，因此能量矩和黏性矩对负的 $f_{\alpha}^{*}(\boldsymbol{x},t)$ 的优化调整可以单独考虑，即调节 s_e 和 s_ν 对于重做后的临时分布函数 $f_{\alpha}^{*}(\boldsymbol{x},t)$ 达到最优解是两个独立过程。在矩空间碰撞方程式(5-1)中，m_1^* 与 m_2^*（或 m_7^* 与 m_8^*）可以表达为松弛因子的单调线性函数：

$$\begin{cases} m_1^* = a_{m_1}s_e + b_{m_1} \\ m_2^* = a_{m_2}s_e + b_{m_2} \\ m_7^* = a_{m_7}s_\nu + b_{m_7} \\ m_8^* = a_{m_8}s_\nu + b_{m_8} \end{cases} \tag{5-28}$$

这里 a_{m_i} 和 b_{m_i} 是线性函数的系数：

$$a_{m_i} = -(m_i - m_i^{\mathrm{eq}}) + (Q_i + Q_{\mathrm{p}_i}) - \frac{1}{2}\delta_t B_i,\quad i = 1,2,7,8 \tag{5-29}$$

$$b_{m_i} = m_i + \delta_t B_i,\quad i = 1,2,7,8 \tag{5-30}$$

再次利用逆转换矩阵式(2-4)中的系数，采用如下的新松弛系数重做碰撞步之后可以得到大于等于零的 $f_{\alpha}^{*}(\boldsymbol{x},t)$：

$$\tilde{s}_e = \begin{cases} s_e + \dfrac{\tilde{f}}{a_{m_1}/36 + a_{m_2}/18}, & \tilde{f}\in \mathrm{A}\cup\mathrm{B} \\ s_e - \dfrac{\tilde{f}}{a_{m_1}/18 + a_{m_2}/36}, & \tilde{f}\in \mathrm{C}\cup\mathrm{D} \end{cases} \tag{5-31}$$

$$\tilde{s}_\nu = \begin{cases} s_\nu - \dfrac{\tilde{f}}{a_{m_7}/4}, & \tilde{f}\in \mathrm{A} \\ s_\nu + \dfrac{\tilde{f}}{a_{m_7}/4}, & \tilde{f}\in \mathrm{B} \\ s_\nu - \dfrac{\tilde{f}}{a_{m_8}/4}, & \tilde{f}\in \mathrm{C} \\ s_\nu + \dfrac{\tilde{f}}{a_{m_8}/4}, & \tilde{f}\in \mathrm{D} \end{cases} \tag{5-32}$$

这里 s_e 和 s_ν 是原来的松弛因子，$\tilde{s}_e$ 和 $\tilde{s}_\nu$ 是新的松弛因子，为了与原始松弛行为一致，可以限制其取值范围为 $\tilde{s}_e,\tilde{s}_\nu\in[0.010,1.999]$以保证正确的松弛行为，这足以应对大部分数值不稳定情况。若将此限制幅度放宽则其将成为一个更强制的限制器，但过大的修正幅度也有可能使得其他方向又出现新的负分布函数，因此目前工作仅采用上述幅度限制。此外从上述推导可见，松弛过程仍然是控制产生零阶和一阶 NS 方程的主要步骤，即产生正确的对流项和力项等，松弛因子需保持在合适的范围，不应该偏离平衡态过远。这两个松弛因子也不建议全流域取为 2，因为其还控制着能量矩、能量通量矩和黏性矩的松弛行为，这些矩并非守恒矩，在上述推导中并未被完全消去与松弛因子的关联，若全场设为 2 则会导致二阶矩上的类似系数 $\delta_t/(2-s_e)$ 无穷大而导致发散，具体可见 2.2 节类似展开分析。$\tilde{s}_e$ 和 $\tilde{s}_\nu$ 用于重做 m_1^*、m_2^*、m_7^*、m_8^* 这四个矩的碰撞步过程，并重新取得新的临时分布函数 $f_\alpha^*(\boldsymbol{x},t)$。

这种调节与第 3 章所提出的限制器相比有着明显的好处和提高，既不会改变黏性也不会改变质量守恒和动量守恒，调节 s_e 和 s_ν 仅影响到其高阶的微分项，其实质是利用松弛因子的自由度调节更高阶的微分项以实现在二阶水平的数值稳定性。同时，从后续章节的实际数值案例应用中可以看到，这种解耦且稳定化的 MRT-LBM 算法框架将在高雷诺数、高韦伯数、高汽液密度比的多相流案例中带来明显的数值稳定性提升。

5.3 标准数值案例验证

本节将采用各种标准案例以验证上述解耦 MRT 算法的作用力格式准确性、空间精度、伽利略不变性、质量与动量守恒性、恢复表面张力准确性，主要目的在于检查验证上述数学推导的准确性和数值性能，保证其为一种实用且正确的计算方法。由于本节各标准案例不涉及多相流稳定性问题，仅证明解耦 MRT 框架本身的数值特性，因而不使用 5.2.2 节中关于分布函数 $f_\alpha^*(\boldsymbol{x},t)$的稳定化方案，也不采用相间黏性过渡的方案。

5.3.1 平衡态汽液共存曲线

本节采用平衡态汽液共存密度曲线来验证此解耦 MRT 的力学项及额外项数值精度。通过第 4 章的分析可知，平衡态汽液密度受到 MRT 中三阶甚至四阶展开中的余项影响，且在低温下汽相温度对这些高阶余项较为敏感。因此使用此案例，通过对比力学稳定条件解析解与实际案例数值结果可以验证解耦 MRT 框架下力学格式的高阶精度与解耦 MRT 本身的空间精度。

仍然使用平行相界面案例，计算域为 8×600，四周为周期边界，初始密度剖面类似式(3-13)，此处为沿 y 方向变化，初始相界面宽度 W 设为 10，在中间初始化液区半宽度为 100。采用的 CS 状态方程参数为 $a=0.25$，$b=4$，$R=1$。此处所有案例的松弛因子设为 $s_\rho=s_j=s_q=1$，这里各节点的体积黏性系数和运动黏性系数都设为相同的 $\nu=\zeta=1/6$，根据式(5-25)和式(5-26)乘以相同的系数 $\beta=\beta_e=\beta_\nu$ 给出相同的 s_e 和 s_ν。$\mu=\nu\rho$ 与 $\mu_\mathrm{b}=\zeta\rho$ 根据关系在各节点给出，并直接用于式(5-18)。

结果如图 5.1 所示，首先在使用和不使用额外项调节汽液密度时结果都能和解析式结果符合得很好，这表明即使采用了新的作用力格式(5-8)，解耦的 MRT 仍然继承了原来 MRT 的作用力格式精度，且在主要的高阶作用力余项上一致。此处解耦的 MRT 也不改变原来额外项在 MRT 中的形式，在第 4 章分析过，当松弛因子 $s_e=s_\nu$ 时，平衡态汽液密度应当与解析结果一致，因此关于原来 MRT 的力项及额外项的分析仍然适用于此解耦的 MRT，在此不再赘述。此处还采用了两个不同的调节系数 $\beta=0.3$ 和 $\beta=0.8$，由图可见，结果没有任何区别，可见此处可调节的松弛因子并未改变关于力项和额外项的主要结论。可以在多相流模拟中使用可变的 s_e 和 s_ν 而无需担心其会改变汽液密度，当然若 $s_e\neq s_\nu$ 时仍会出现第 4 章所分析的汽相密度偏离现象，这是由于额外项 $\boldsymbol{Q}_\mathrm{p}$ 在引入时造成的，对 MRT 和解耦 MRT 而言是相同的。

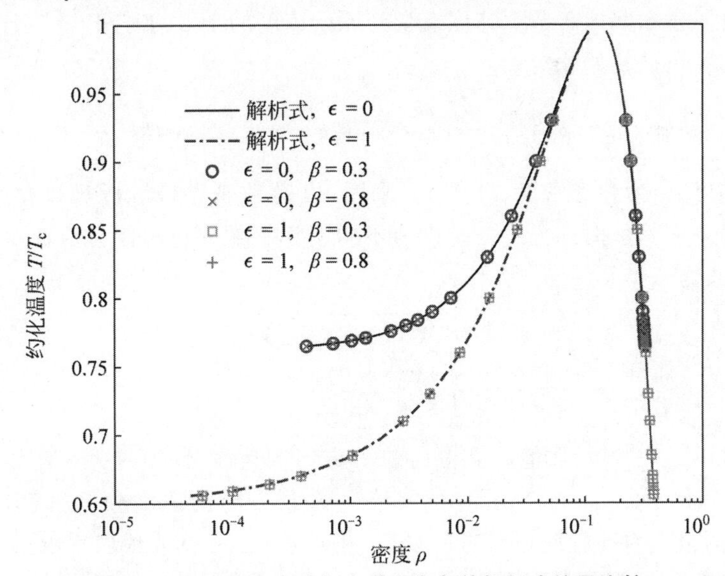

图 5.1　汽液共存密度与力学平衡条件解析式结果比较

5.3.2 泰勒-格林涡流动

本节将采用泰勒-格林涡流动(Taylor-Green vortex flow)来证明此解耦 MRT 的空间精度为二阶。泰勒-格林涡流动是涡在空间周期分布且速度幅度随黏性衰减的不可压流动,其具有不可压方程的解析解,因此可以用来在 LBM 中验证其空间精度且无需考虑边界条件精度带来的影响[124,134]。对于二维流动,其速度场解析解为

$$\boldsymbol{u}_{\mathrm{e}}(\boldsymbol{x},t)=u_0\begin{bmatrix}-\sqrt{k_y/k_x}\cos(k_x x)\sin(k_y y)\\ \sqrt{k_x/k_y}\sin(k_x x)\cos(k_y y)\end{bmatrix}\mathrm{e}^{-t/t_{\mathrm{D}}} \tag{5-33}$$

这里 $k_x=2\pi/N_x$,$k_y=2\pi/N_y$ 是两个方向上的波数;N_x,N_y 为两个方向的计算域格子长度;u_0 为初始速度幅度。考虑到 LBM 恢复的是一个可压缩方程,因此泰勒-格林涡不可压解析解仅在 LBM 处于弱可压时有效,即设速度幅度为一个小量 $u_0=0.001$ 以减少压力场的波动产生的可压缩效应,在此案例中体积力为 0。流动的计算域取为方形[N_x,N_y],且 $N_x=N_y$,即波段为[0,2π],随着计算域长度取值不断变大,相当于对此波段的涡进行网格加密。四周设为周期边界,同时定义涡衰减的特征时间为

$$t_{\mathrm{D}}=\frac{1}{\nu(k_x^2+k_y^2)} \tag{5-34}$$

特征时间表示涡内各节点速度衰变到原始速度的 1/e 的时间。

密度场被初始化为

$$\rho(x,y)=\rho_0\left[1-\frac{u_0^2}{4c_s^2}\left(\frac{k_y}{k_x}\cos(2k_x x)+\frac{k_x}{k_y}\cos(2k_y y)\right)\right] \tag{5-35}$$

这里 ρ_0 为参考密度,设为 1。采用 L2 范数来评价解析解和数值解之间的误差 E_u,取时间 $t=t_{\mathrm{D}}$ 时作为不同网格下的评价时间计算此时误差,E_u 定义为

$$E_u=\sqrt{\frac{\sum_{i=1}^{N_x\times N_y}\left(\frac{u_{\mathrm{n},x}-u_{\mathrm{e},x}}{u_0}\right)^2}{N_x\times N_y}} \tag{5-36}$$

这里 $u_{\mathrm{n},x}$ 表示数值计算得出的 x 方向的速度分量($N_x=N_y$,x 方向与 y 方向一样),$u_{\mathrm{e},x}$ 表示解析解给出的 x 方向的速度分量。于是解耦 MRT 的格式空间精度可以通过 $\ln E_u$ 相对于 $\ln N_x$ 的直线斜率给出。

关于本节中其他参数,黏性设置仍与 5.3.1 节类似,取 $\nu=\zeta=1/6$。

图 5.2 展示了泰勒-格林涡在不同网格宽度与不同调节系数下的 L2 误差范数。由图中可以看到四个不同 β 下的测试几乎都给出了斜率 $k=-2$(小数点后的较小误差在验证数值精度时可以忽略),这表示解耦 MRT 算法空间精度正如之前展开所分析的那样是二阶精度,与数学推导结论一致。而不同的调节系数 β 意味着在模拟中取不同的松弛因子 s_e 和 s_ν,但都采用相同的黏性 $\nu=\zeta=1/6$,考虑到泰勒-格林涡的衰减对黏性是高度敏感的,很小的 L2 误差范数验证了在此算法中松弛因子与具体的黏性是解耦的,且不会改变其二阶的空间精度。具体来看,图中不同的 β 仍然给出了不同截距的二阶精度 L2 范数直线,这意味着松弛因子 s_e 和 s_ν 仍然影响着三阶及以上的数值余项,因此在 E_u 的具体值上体现出了细微的差别。

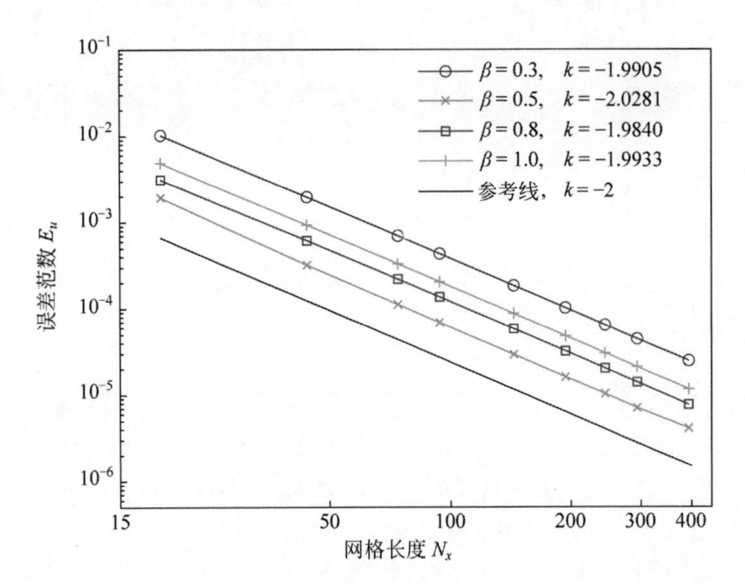

图 5.2　泰勒-格林涡 u_x 的 L2 范数在不同网格宽度和不同 β 下的比较

注:k 是在双对数坐标下的线性函数拟合曲线斜率,表示空间精度。

通过此案例还能验证 5.2.1 节中所提到的解耦 MRT 应当具有伽利略不变性及各向同性性质(旋转不变性)。对于一个确定模式的流体流动,将其放在具有一定常速度的坐标体系下并旋转描述流动的坐标一定角度后进行观察,其物理性质应当保持不变。式(5-33)描述的泰勒-格林涡的位置是固定在原地不动的,此时给其加上一个沿一定方向流动的常对流速度,观察其相对速度衰减是否仍然保持原有规律即可验证解耦 MRT 是否具有伽利略不变性及各向同性。对上述的泰勒-格林涡加上一个常对流速度 $\boldsymbol{u}_c = u_c(\cos\theta, \sin\theta)^T$，其中 $u_c = 0.1N_x/t_D$ 意味着在不同的网格宽度下，涡流在经过特征时间后流经的实际物理长度一样，这有助于定量比较不同网格宽度下的误差。而倾角 θ 表示对流速度方向与 x 轴的夹角，由于对称性只需要取 $\theta \in [0, \pi/2)$ 即可。图 5.3 显示了在不同网格宽度，叠加不同方向对流速度后的 L2 范数误差，由图可见叠加对流速度之后其具有二阶精度，这说明在移动框架下涡仍然保持着原有的衰变规律，具有很好的伽利略不变性；且叠加不同方向的对流速度得到的误差结果完全一致，表明此解耦 MRT 即使在高阶也具有很好的旋转不变性质。

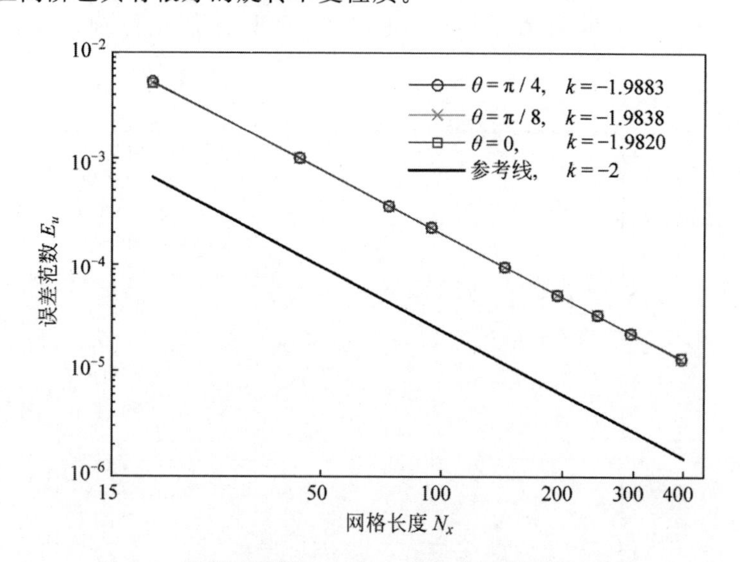

图 5.3 泰勒-格林涡 u_x 的 L2 范数在不同网格宽度和不同方向 θ 对流速度下的比较

注：k 是在双对数坐标下的线性函数拟合曲线斜率，表示空间精度，图中 $\beta=1.0$。

使用泰勒-格林涡案例还可以验证解耦 MRT 的长时演化精度，图 5.4 采用 194×194 的计算域，使用双精度计算，取坐标(1,146)的相对速度变化进行观察。经过 20 个特征时间，相对速度衰减经历了 $10^0 \sim 10^{-9}$ 的数量级，采用了不同的调节系数 β。由图可见，经历了长时间的演化，即使经过 10 个数量级的速度衰减，使用解耦 MRT 算法的方程仍然能够保持非常好的数值精度；即使采用了变化的松弛因子 s_e 和 s_ν，由式(5-18)直接给出的黏性所控制的衰减仍然没有发生改变。这个长时演化的案例证明了解耦

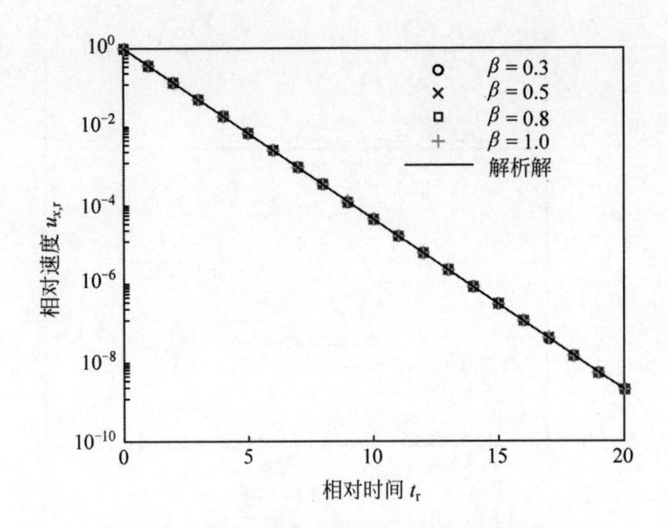

图 5.4　泰勒-格林涡随时间的相对速度衰减

注：相对速度 $u_{x,\mathrm{r}}=u_x/u_0$ 取在坐标位置(1,146)，相对时间 $t_\mathrm{r}=t/t_\mathrm{D}$ 是以特征时间为比例的无量纲时间。

MRT 在长时演化下仍然保持了非常好的数值精度，并没有因为高阶数值误差随时间叠加而影响结果。

此外为了验证解耦 MRT 在保持质量守恒和动量(动能)守恒上的优势，使用解耦 MRT 模拟无黏的泰勒-格林涡流动。当黏性为 0 时，理论上涡的速度不会发生任何衰减，以此可以考验解耦 MRT 高阶数值余项的黏性影响。此处的黏性直接设置为 0，即 $\nu=\zeta=0$，松弛因子 s_e 和 s_ν 设为 1.999(松弛因子直接设置为 2 在实际模拟中极易导致发散)。仍使用 194×194 的计算域计算 3×10^5 时间步，结果(图 5.5)显示了相对速度、相对总质量、相对总动能的演化过程。总质量和总能量是指整个计算域的数量求和，其中单节点的动能定义为 $E_\mathrm{m}=0.5\rho(u_x^2+u_y^2)$，单节点体积为 1。由于在 LBM 的初始化中存在的自由度，不能通过初始化宏观密度和速度决定唯一的初始化非平衡态分布函数部分 f_α^{neq}[135]，造成总动能在初始化阶段发生自发的平衡化达到稳态，单点速度和总质量也在初始演化后就保持了不变。可见速度、质量、动能都实现了长时间演化的守恒，这意味着系统没有因黏性衰减而造成动能的损失，即实现了无黏运动，同时总质量的保持也意味着解耦 MRT 具有良好的质量守恒性。无黏其实也意味着雷诺数无穷大，这是原始 MRT 无法实现的。

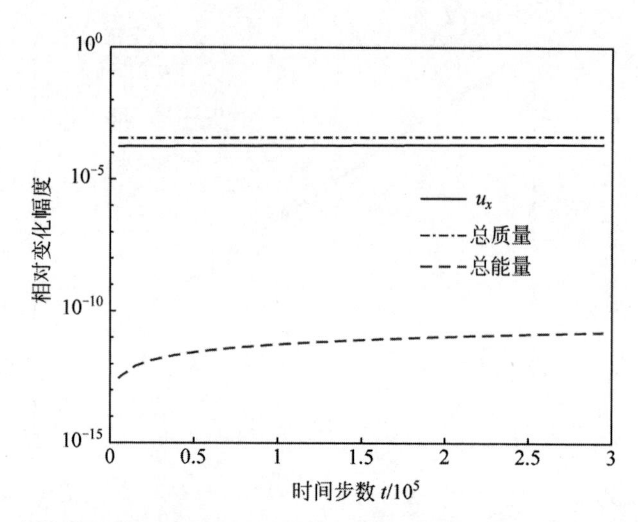

图 5.5　泰勒-格林涡相对速度、总质量、总动能在无黏计算下随时间的演化过程

注：相对变化幅度定义为 $\phi_r=|[\phi(t)-\phi(0)]/\phi(0)|$，这里 ϕ 指在位置(1,146)的速度分量 u_x，以及计算域内的总质量和总能量。

5.3.3　剪切波流动

剪切波流动(shear wave flow)是指一维的具有正弦分布速度的波在一定对流速度下的运动，其正弦分布的速度幅度也会因剪切黏性而衰减。由于在此一维波动中不需要考虑 LBM 的可压缩效应，可以用其来验证解耦 MRT 所恢复的宏观 NS 方程在高速下的伽利略不变性问题，以验证 5.2.1 节中所提到的解耦 MRT 已经消除原始 LBGK 和 MRT 方法中存在的二阶项上的 $O(u^3)$ 误差所带来的低马赫数限制。剪切波流动具有解析解：

$$\boldsymbol{u}_{\mathrm{e}}(\boldsymbol{x},t)=[u_0\sin(k_y y)\mathrm{e}^{(-k_y^2\nu t)},u_{\mathrm{c}}] \tag{5-37}$$

这里 u_c 是沿 y 方向的常对流速度，波数参数与 5.3.2 节一样。这里取 194×194 的方形计算域，四周为周期边界，初始密度设为 1，黏性仍设置为 $\nu=\zeta=1/6$，这里马赫数被定义为 $Ma=u_c/c_s$，$c_s=\sqrt{1/3}$。取特征时间 $t_D=1/(\nu k_y^2)$ 时刻观察此时的速度衰变情况，将测得的实际速度代入式(5-37)可以反推得到实际的数值黏性，通过观察不同对流速度 u_c 下的数值黏性是否等于初始设置的 $\nu=1/6$ 则可以判断解耦 MRT 中是否引入了额外的数值黏性，若得出的数值黏性仍为 1/6 则其具有伽利略不变性。

结果如图 5.6 所示,图中在不同 β 下(不同松弛因子)的解耦 MRT 计算得出的数值黏性仍然与解析解的数值黏性一致,且高达 $0.45Ma$ 时都保持不变,这说明此解耦 MRT 并没有引入额外的数值黏性,且具备低速到高速的伽利略不变性。反观此处采用原始 MRT 给出的结果,随着马赫数的提升,其引入的负数值黏性不断增加,这是因为原始 MRT 在二阶项上存在的 $O(u^3)$ 数值导致的,其倾向于在大速度下减少整个计算的实际黏性,而这在低黏性高速案例中容易引发数值不稳定。因原始 MRT 在高速下不具备伽利略不变性,故其仅适用于低速的情况。

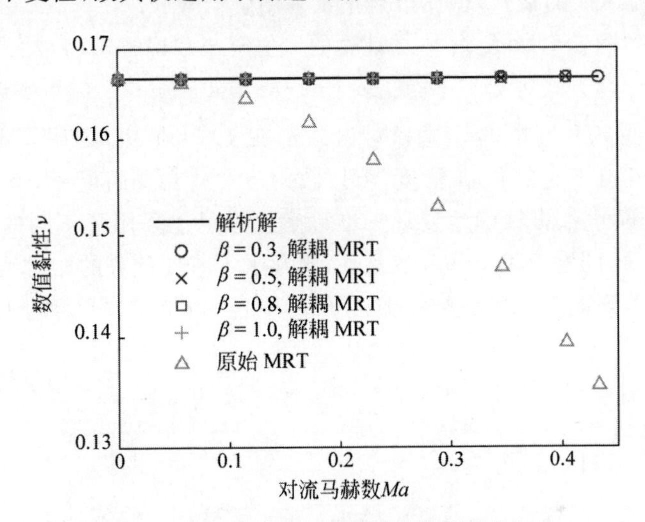

图 5.6　剪切波在不同马赫数下数值黏性对比

通过这个案例验证了之前所述的解耦 MRT 推导的准确性,其并不引入额外的数值黏性,并且具有伽利略不变性,这是原始 MRT 无法实现的。

5.3.4　稳态泊肃叶流动

泊肃叶流动(Poiseuille flow)描述的是两侧为平行固壁且存在一个固定驱动力的稳定流动,此时流体在通道内会形成抛物线状的流速分布,此处流动沿 y 方向,该流动的解析解为

$$\boldsymbol{u}_{\mathrm{e}}(x,t)=\left[0,u_0\left(1-\frac{(x-L/2)^2}{(L/2)^2}\right)\right],\quad x\in[0,L] \tag{5-38}$$

这里 L 为沿 x 方向的通道宽度,$u_0=F_yL^2/8\nu$ 为中心处的最大 y 向速度,流动中没有横向运动($u_x=0$)。采用此案例可以研究不同网格宽度下

的流动精度,考验解耦 MRT 在包含固壁边界情况下受力驱动流动的准确性。此处驱动力的取值需满足 u_0 在不同网格下的值都为 1/3,运动黏性设为 $\nu=1/6$,因此 $Ma=u_0/c_s=0.577$,上下采用周期边界,两侧使用非平衡态外推格式[136]的无滑移固壁条件。这里采用两套横向宽度的网格作为对比,网格节点分别为 $N_x=5$ 和 $N_x=21$,而纵向网格长度对结果并不重要;稳态速度沿 y 方向不变,可都设为 $N_y=12$。对于解耦 MRT 来说,其在固壁外还需要一层虚拟网格,目前采用的解决方案是在固壁节点的碰撞过程采用原始 MRT 的格式,流体节点正常采用解耦 MRT 计算。

结果如图 5.7 所示,将流域计算的数值解与准确解求相对误差做比较,相对误差计算方式为 $E_u(x)=[u_y(x)-u_{y,e}(x)]/u_{y,e}(x)$,$x=1,2,\cdots,L-1$。可见两套网格的计算相对误差都在 10^{-9} 量级,证明了解耦 MRT 在高速驱动流下计算的高精度。另外,对于 $N_x=5$ 的网格,其流体节点 $x=1,2,3$ 时也都很精确地复现了准确解。这里也采用了不同的 β 来调节松弛因子,可见松弛因子不改变黏性,也几乎不改变计算的相对误差。这个案例验证了解耦 MRT 在受力情况下和具有可调节的松弛因子时,黏性仍不受影响。

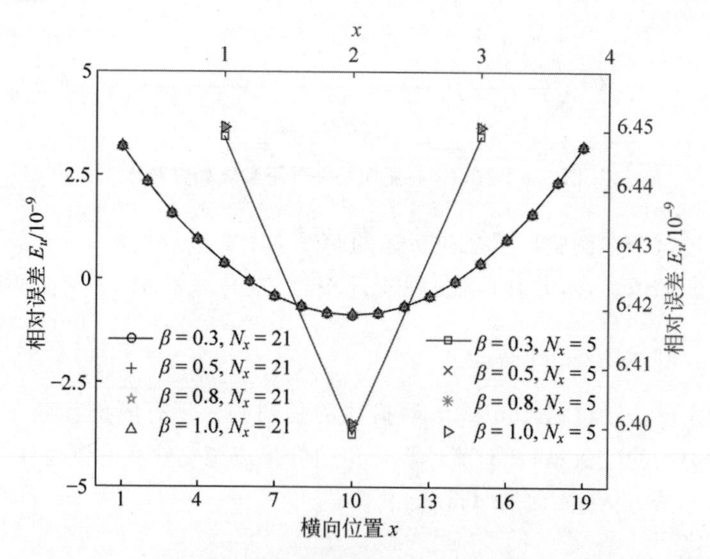

图 5.7 比较泊肃叶流动在两套网格中不同松弛因子设置下的计算相对误差(前附彩图)

注:左侧纵坐标为 $N_x=21$ 的相对误差,右侧纵坐标为 $N_x=5$ 的相对误差。

5.3.5 拉普拉斯定律

拉普拉斯定律(Laplace's law)描述表面张力与界面两侧压力的关系，在静止液滴中内外两侧的压力差与表面张力关系为

$$\delta p = p_{\text{in}} - p_{\text{out}} = \sigma / r \tag{5-39}$$

这里 σ 为表面张力；r 为液滴半径；p 为伪势模型恢复的热力学压力。通过式(2-41)中的 $1-6k_1$ 可以调节表面张力，计算域采用 194×194 的网格，$\epsilon=1.75$，其他参数与 5.3.1 节相同。图 5.8 展示了使用解耦 MRT 模拟二维静态液滴时，其两侧的压力差与半径倒数(曲率)的关系。图中共模拟了三个表面张力设置下，不同半径液滴的界面压力差，可见每个表面张力下都形成了经过原点的线性关系，说明解耦 MRT 准确地复现了多相流的表面张力性质，此外也可以看到，当采用不同的 β(不同的松弛因子)时，并不会改变表面张力的设置。

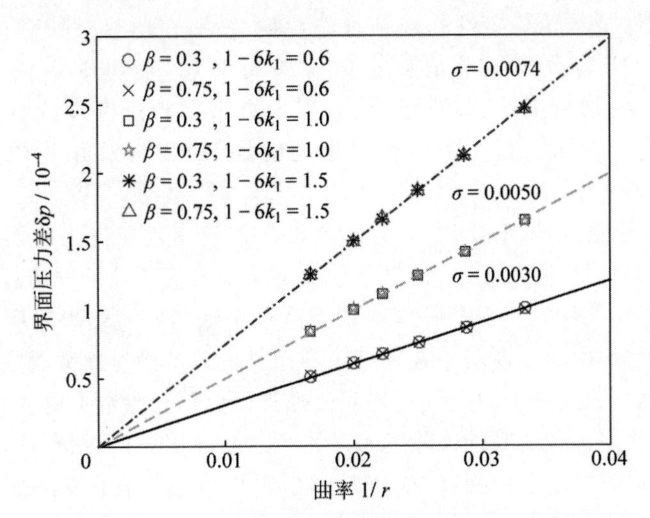

图 5.8 解耦 MRT 模拟静态液滴界面压力差与半径倒数关系

5.3.6 小结

5.3 节采用了各类标准数值案例来验证本章提出的解耦 MRT 算法框架本身的数值精度，作用力格式外力项的准确性，以及其长时间演化的质量、动量守恒性。通过本节的标准案例模拟，验证了 5.2 节中对解耦 MRT 的数学推导和结论，表明解耦 MRT 中的松弛因子与黏性确实已经

解耦，松弛因子将作为稳定化数值模拟而使用，且解耦 MRT 算法在二阶精度上复现了准确的黏性和无黏流动。区别于原始 MRT，解耦的 MRT 由于二阶项上不再存在数值余项误差，因而具有从低速到高速的伽利略不变性。此外，解耦的 MRT 也准确复现了关于表面张力性质的拉普拉斯定律，且可调节的松弛因子也并不改变表面张力。通过这些数值案例验证，证明了解耦 MRT 是一个足够精确，适于模拟单相及多相流动的算法框架，之后的章节将进一步采用解耦 MRT 计算动态复杂的多相流案例。

5.4 多相流应用案例研究

本节采用解耦 MRT 及前述的稳定方案模拟具体的动态多相流案例(为准确验证解耦 MRT 稳定性能的提升，此节并未采用第 3 章的 A2 限制器强制保证数值稳定性)，包括液滴对撞、液滴在薄液层溅射、液滴碰壁等，通过与实验及其他数值模拟研究进行对比，证明本章提出的解耦 MRT 对高汽液密度比、高雷诺数、高韦伯数下多相流模拟的数值稳定性带来的极大提升，也是对本章所提出的解耦 MRT 算法在具体应用性能上的实际验证。

同时，也借用解耦 MRT 研究了高参数下液滴碰撞行为的能量转化过程以及其破碎机理等内容。由于目前尚缺乏对壁面参数条件的具体数值研究(如湿润性条件等介观性质)，本章与已有文献的实验结果对照并探究液滴破碎过程的内容主要集中在周期边界条件的双液滴对撞案例中。液滴在薄液层溅射、液滴撞击固壁等过程通过模拟研究其高参数下的演化特性，可以与第 1 章中提到的其他文献模拟结果列表对照以证明解耦 MRT 模拟多相流时在数值稳定上的提高，这也是本书提出解耦 MRT 算法框架的主要目的。

5.4.1 双液滴对撞案例

双液滴对撞是指两个液滴在空气或饱和蒸汽中进行高速对心碰撞的过程，当液滴尺寸不一致、对撞方向有偏转角时还会有其他进一步的变化，但在本节中限定为研究两个相同尺寸液滴以相同速度对心碰撞，主要研究其不同黏性、表面张力、对撞速度下的形态演化过程，如图 5.9 所示。

液滴对撞的相对速度定义为 U_{r}，两液滴各自以 $U_{\mathrm{r}}/2$ 的速度对心碰撞，

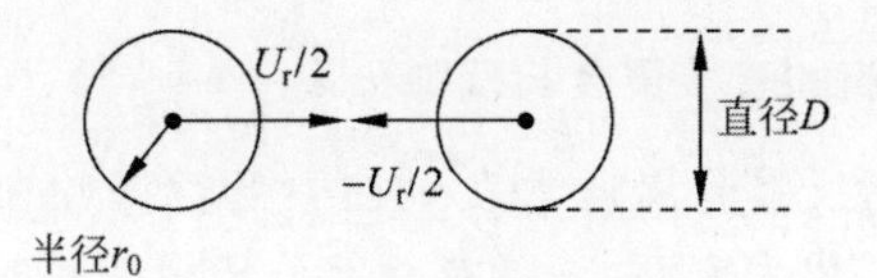

图 5.9　液滴对撞示意图

其雷诺数和韦伯数的定义为

$$Re=\frac{2r_0U_r}{\nu_1} \tag{5-40}$$

$$We=\frac{2r_0\rho_1U_r^2}{\sigma} \tag{5-41}$$

这里 r_0 为液滴半径；ν_1 为液体运动黏性；σ 为表面张力，可通过拉普拉斯定律或液滴振荡测得。这里奥内佐格数（Ohnesorge）定义为 $Oh=\sqrt{We}/Re$；汽液密度比 $\mathrm{DR}=\rho_1/\rho_g$；动力黏性比定义为 $\mu_r=\mu_1/\mu_g$；体积黏性比定义为 $\mu_{b,r}=\mu_{b,1}/\mu_{b,g}$。而状态方程参数选为 $a=0.08$，$b=4$ 和 $R=1$，汽液密度调节系数为 $\epsilon=1.75$，模拟温度选在 $0.5T_c$，其液、汽密度分别为 0.4561 和 4.5311×10^{-4}，即密度比 DR≈1007。松弛因子设为 $s_\rho=s_j=1$，其余松弛因子根据黏性需要设置。调节系数 β 根据稳定性需要取值为 0.7～0.9，汽液黏性比 μ_r 和 $\mu_{b,r}$ 根据稳定性需要取值为 50～500。本节及之后所有的案例都采用第 3 章提出的相间黏性过渡方案式(3-10)和式(3-11)实现更稳定的动态模拟，令无量纲时间为 $t^*=tU_r/(2r_0)$。所有液滴对撞案例计算域都采用四面周期边界，但计算域长度会随着不同案例中液滴延展长度而有所变化。

在本节的模拟中，将与实际实验结果进行真实尺度的比对，主要参考关于 1997 年 Qian 等[19]进行的液滴模拟实验和 2009 年 Pan 等[16]的模拟实验。其中 Qian[19]的实验文献未公布液滴物性数据，仅有无量纲数，因此将仅在相同无量纲数下对比；而 Pan[16]的实验中公布了所使用的液体物性数据及实际速度和液滴半径等，可以采用解耦 MRT 进行 1∶1 尺度的同参数下真实过程模拟。需要说明的是，实验所用的都是三维液滴，其碰撞后形成的表面积消耗的动能比例与二维液滴有所差别，因此在液滴伸缩长度上二维模拟与三维实验存在差距，但其中能量转换的模式和分离机制是一致的，通过在相似参数下与三维实验的结果对比能一定程度上验证二维模拟结果的合理性，并研究液滴碰撞形态演化的机理。

5.4.1.1 液滴的直接聚合与反弹分离

液滴的聚合与反弹分离通常发生在中低雷诺数和韦伯数下，此时液滴初始动量主要转化为表面能，且有一部分经由变形时黏性耗散掉，此时由于表面张力相对较大，对表面形态的演化有重要的影响。本节主要与Qian等的三维实验[19]进行唯象对比，采用解耦MRT模拟二维液滴在相同雷诺数和韦伯数下的液滴形态演化。此处取模拟的液滴半径为60，计算域为1024×1024等距正交网格，四周为周期边界。黏性设置为：$\nu_1=0.041$，$\zeta_1=0.167$，表面张力为$\sigma=8.18\times10^{-3}$，相对速度为$U_r=0.054$，因此图5.10模拟对应的雷诺数、韦伯数和奥内佐格数分别为$Re=158.00$，$We=19.45$，$Oh=0.63266$。

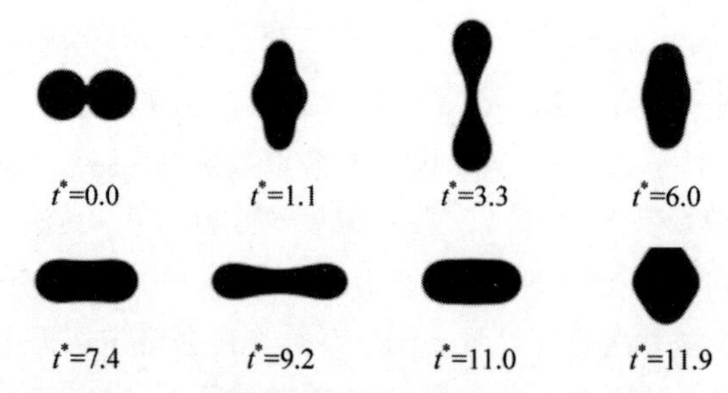

图5.10 解耦MRT模拟液滴聚合过程($Re=158.0$，$We=19.45$)

与此参数对应的是Qian的实验[19]中图4的案例(e)图像，其实验中存在微小的偏心对撞距离($0.1r_0$)，在此对比中可忽略，实验和模拟的参数一致。此时液滴在经历对撞拉伸之后，由于扩展的表面积和黏性耗散，并未在y方向实现液滴脱离，其重新被表面张力拉回到x对撞方向继续振荡并融合。值得一提的是在Qian的实验[19]中提到此时的雷诺数和韦伯数已经接近液滴分离边界参数，其将$Re=210.8$，$We=32.8$的(f)案例定为液滴分离的边界区域，此时液滴会在液颈拉伸中出现部分脱离的现象。

再继续将黏性设置为$\nu_1=0.04167$，$\zeta_1=0.25$，表面张力为$\sigma=9.456\times10^{-3}$，相对速度为$U_r=0.103$，$Re=296.6$，$We=61.4$，$Oh=0.0264$，对应于Qian的实验[19]中图4的案例(h)实验过程，此时参数已处于液颈拉伸断裂的范围了。

由图5.11可见，解耦MRT成功模拟了此阶段的液滴反弹分离现象。液滴在经历对撞后沿y方向短时间内形成了$t^*=8.1$所示的细长液层表

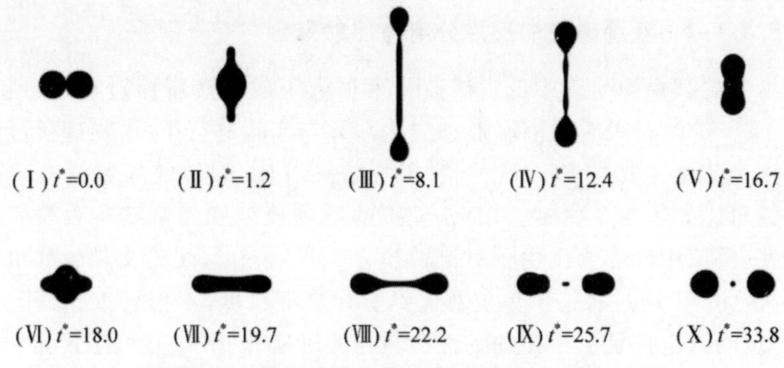

图 5.11　解耦 MRT 模拟液滴反弹分离过程(Re=296.6,We=61.4)

面,分散了大部分动能,此时液滴内部的动能还不足以在 y 方向分离两端的液滴。这里与 Qian 的实验[19]中图 4 的案例(h)时刻 t=0.35 ms 不同的是,三维液滴由于形成末端圆环形状,表面积更大,动能在更短时间内转换为了表面能,所以没有足够动能继续拉伸中间液层,因而拉伸长度并不如二维明显。随后在 y 方向由表面张力引起收缩过程,中间液层内液体逐渐被吸收入两端液滴内,但此时连接中间液层与两端液滴的液颈处并未断裂,使得表面能向动能的转化过程未被打断,液滴回缩并向 x 方向再次反弹(t^*=18.0 时刻)。而此次沿 x 方向反弹时的动能惯性并不足以使两侧末端液滴在短时间拉伸出足够长的表面,因此中间处的短液层刚好在两侧液滴表面张力作用下自发向圆形收缩的过程中断裂,形成了中间小液滴(t^*=25.7 时刻),此次液滴反弹形成了三个液滴,与实验结果一致。需要指出的是,这种反弹分离出中间小液滴的情况无论是在实验中还是模拟中,对于初始速度、表面张力都极为敏感,参数选择范围比较小,若其中之一稍有变化就可能演化成其他的分离形态。尽管二维模拟与三维结果在具体形态上有所差异,但其中包含的能量转换过程、表面张力与黏性机制仍然是相同的,通过二维研究也能得出液滴碰撞演化过程的一些机理认识。

本节采用解耦 MRT 模拟了液滴聚合及反弹分离的情况,这在实际工业过程中属于中低雷诺数和韦伯数的基本过程,对于很多高速运动的过程,还存在更为复杂的形态演化。由于 Qian 的实验[19]中并未标注具体的汽液密度与物性参数,因此无法使用 LBM 具体到 1∶1 的实际尺度进行模拟,但在关键无量纲数 Re 和 We 相同的情况下,可以看到解耦 MRT 算法仍然能够模拟出与实验过程一致的形态演化。

5.4.1.2 液滴碰撞的反弹分离与反射聚合

本节继续模拟研究中低雷诺数和韦伯数下的液滴碰撞过程（*Re* 和 *We* 处于 $10^2 \sim 10^3$ 量级时的液滴形态演化），并与实验进行 1∶1 物理尺度的实际对比。此处主要与 Pan 等[16]的实验结果对比，模拟的参数值与实验选用参数对比如表 5.1 所示。LBM 模拟的物理尺度和无量纲参数与实验基本一致，模拟中液体密度由于对比转换为 930 kg/m^3，实验文献中列出的为 1000 kg/m^3。通过将格子单位对比到实际物理尺度，不仅可以保证无量纲数相似，同时也保证了模拟的物性参数与实际实验基本一致，使其能在实际的时间尺度和空间尺度与实验直观对比，而不仅限于无量纲数相似的层面进行模拟，之后各节中案例都与实验参数一致对应，参数表格不再一一列举。

表 5.1 模拟参数与文献[16]中图 2 实验参数对比

格子量	格子数值	尺度比例	物理实际数值	实验参数	物理单位
r_0	60	5.83×10^{-6}	3.50×10^{-4}	3.50×10^{-4}	m
ν_1	4.90×10^{-3}	2.04×10^{-4}	1.00×10^{-6}	1.00×10^{-6}	m^2/s
ρ	0.4561	2.04×10^{3}	930	1000	kg/m^3
U_r	0.07	35.00	2.45	2.45	m/s
σ	4.94×10^{-3}	14.58	0.072	0.072	kg/s^2
δ_x	1.00	5.83×10^{-6}	5.83×10^{-6}	—	m
δ_t	1.00	1.67×10^{-7}	1.67×10^{-7}	—	s
Re	1715	1	1715	1715	—
We	54	1	54	58	—

由图 5.12 可见，采用相同雷诺数和略低的韦伯数时，解耦 MRT 模拟复现了 Pan 等的实验[16]中图 2 案例液滴反弹分离过程，并可以在实际物理时间尺度下进行对比。与图 5.11 的低雷诺数案例相似，此处在首次碰撞后也拉伸出了较长的中间液层，而三维实验中首次碰撞后由于圆环形状表面积较大，未能拉伸出较长的中间层，因而实验的整个时间过程比二维模拟要短 50%左右。实验中在 $t=3.508$ ms 即实现了反弹中间液滴的分离，而二维模拟中由于拉伸反弹阶段较为费时，在 $t=6.871$ ms 时才实现了中间液滴的分离。

为了鉴别动能在整个过程中的转换和损失情况，这里定义单节点的动能为 $E_m=0.5\rho(u_x^2+u_y^2)$，以及两个方向分量动能为 $E_{m,x}=0.5\rho u_x^2$，$E_{m,y}=0.5\rho u_y^2$，总动能由各节点的动能相加得到，采用格子单位计算。图 5.13 展示了与图 5.12 中相同时刻的动能分布图，可见在液滴碰撞之后动能随时间在液

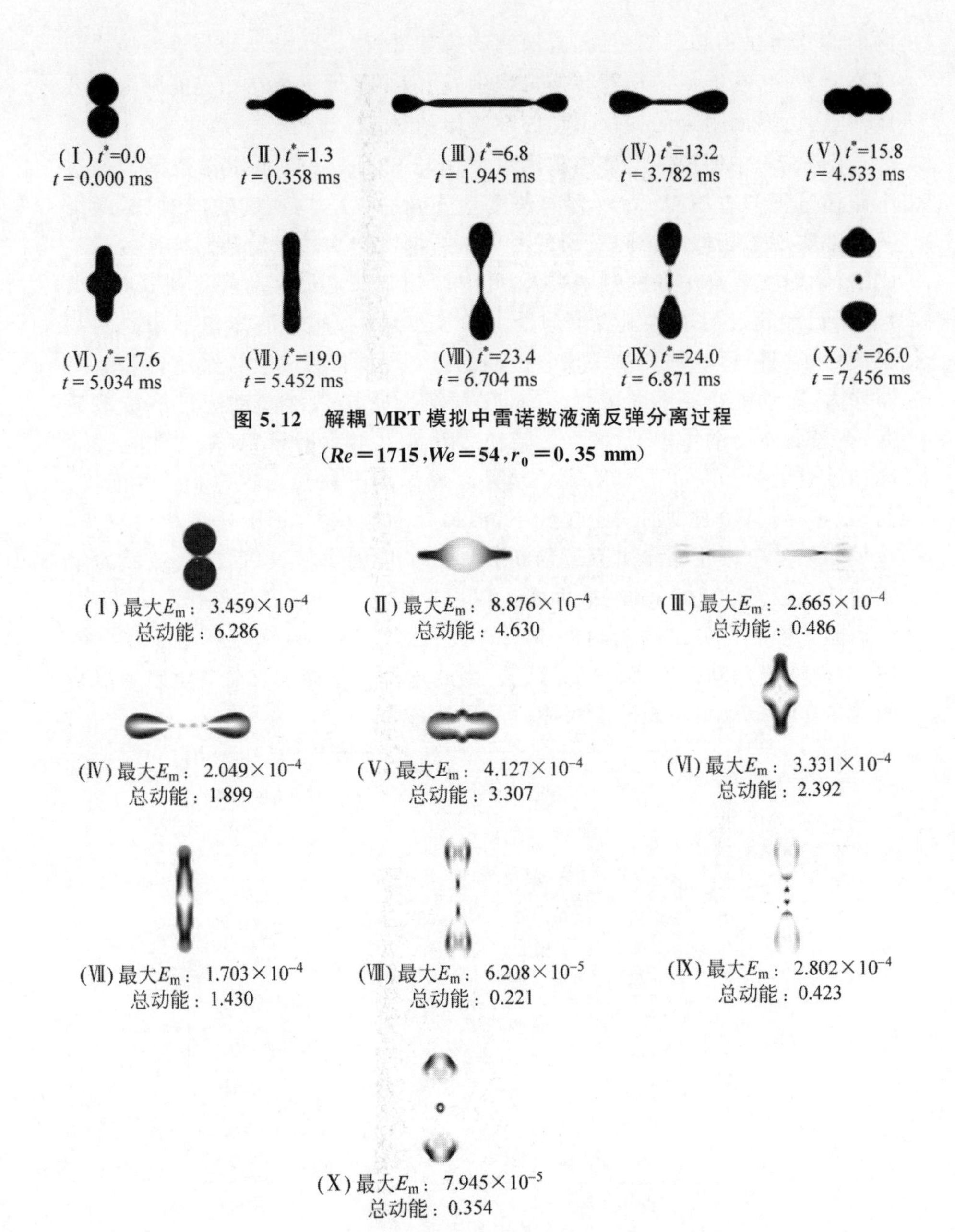

图 5.12　解耦 MRT 模拟中雷诺数液滴反弹分离过程

(Re=1715，We=54，r_0=0.35 mm)

图 5.13　液滴碰撞反弹分离各时刻的节点动能分布

注：深色表示较大值。

滴内的分布是不均匀的，且随着液滴的拉伸回弹分裂，总动能与表面能之间在不断转换，在能量的相互转换过程中，动能更多地集中在相界面附近的液体节点，由界面附近的变化带动内部流体的运动。

图 5.14 中展现了本节中雷诺数案例与 5.4.1.1 节低雷诺数案例的整个碰撞过程的总动能、总 x 方向速度动能及总 y 方向速度动能对比，两个案例都实现了相似的中间液滴分离现象。液滴初次碰撞后开始拉伸的时刻(Ⅱ)，动能主要集中在两侧末端处，此时两侧单节点最大动能达到 8.876×10^{-4}，已经超过初始时刻给出的最大单节点动能，此时液体也不断向两侧聚集形成(Ⅲ)所示的两端液滴；拉伸的过程从(Ⅰ)到(Ⅲ)，伴随着表面不断增大，总动能也在不断减少，在(Ⅲ)时刻附近随着液滴动能最终被消耗完，在表面张力的作用下，表面能转换为动能又继续回弹到(Ⅴ)，此时(Ⅴ)和初始时刻(Ⅰ)之间的总动能之差可以视作由于黏性耗散消耗掉的能量；而在(Ⅷ)到(Ⅸ)时刻回缩的过程中，液颈处动能较大，回缩速度相对较快，在表面张力急剧收缩作用下液颈断裂形成了中间小液滴，而二次液滴的生成消耗了较多的能量，此时表面张力仅用于维持各自液滴的形状，基本不再向动能转换。可见二次液滴的生成会极大减少整个系统内的动能转换效应，使得液滴运动速度得到极大减缓，因此这里并不能仅仅简单用硬球模型的动量守恒定理来考虑液滴对撞后的运动行为。

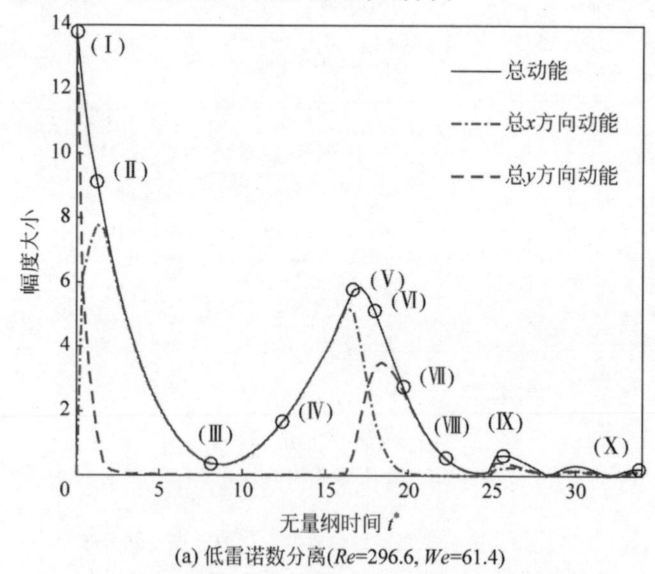

(a) 低雷诺数分离(Re=296.6, We=61.4)

图 5.14 液滴碰撞反弹分离过程动能随时间变化

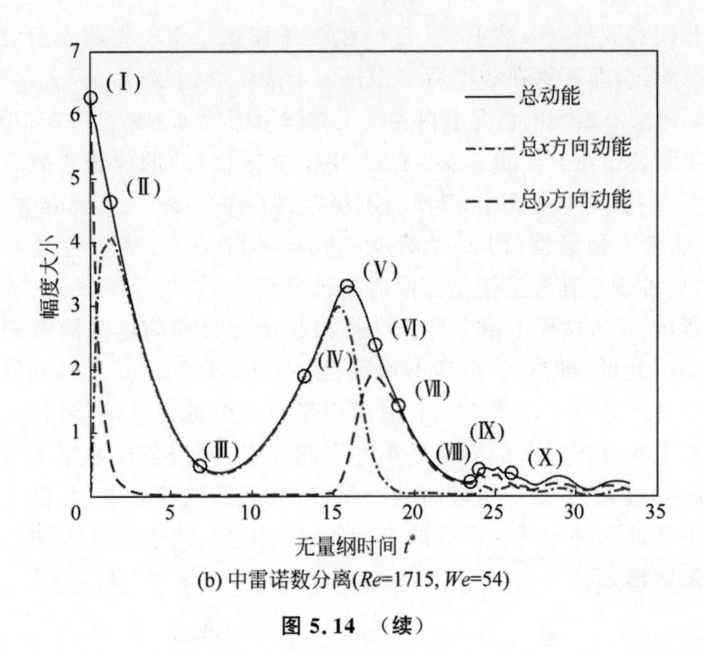

(b) 中雷诺数分离(Re=1715, We=54)

图 5.14 (续)

液滴对撞的行为并非简单地由雷诺数和韦伯数控制,还受到其内部能量耗散比例的限制,Pan 等的实验[16]中还发现了一种在更高雷诺数和韦伯数下,却仍没有在中间液层断裂并分离液滴的情况。此处对这种情况也进行了模拟与实验对比分析,具体量纲对比及参数设置见表 5.2。此处主要保证实验与模拟对应的长度尺度和密度相同,同时保证反映黏性和表面张力的无量纲数 Re 和 We 相同。

表 5.2 模拟参数与文献[16]中图 3(a)实验参数对比

格子量	格子数值	尺度比例	物理实际数值	实验数值	物理单位
r_0	100	5.00×10^{-6}	5.00×10^{-4}	5.00×10^{-4}	m
ν_1	4.11×10^{-3}	2.43×10^{-4}	1.00×10^{-6}	1.00×10^{-6}	m^2/s
ρ	0.4561	2.19×10^{3}	998	1000	kg/m^3
U_r	0.08	48.63	3.89	2.45	m/s
σ	2.78×10^{-3}	25.88	0.072	0.072	kg/s^2
δ_x	1.00	5.00×10^{-6}	5.00×10^{-6}	—	m
δ_t	1.00	1.03×10^{-7}	1.03×10^{-7}	—	s
Re	3890	1	3890	3890	—
We	210	1	210	210	—

在相同的无量纲参数下，图 5.15 的二维模拟结果与三维实验实现了相似的形态演化，即液滴在碰撞后实现拉伸形成指状边缘(finger rim)形态，随后在中间液层不断裂的情况下在表面张力作用下拉扯回缩到一起，中间液层仍未发生断裂。在 Pan 的三维实验[16]中图 3 案例(a)的液滴碰撞后拉伸形成的环状结构，其边缘处由于横向不稳定性(rim transverse instability)或普拉托-瑞利不稳定性(Plateau-Rayleigh instability)形成了各独立形态的液滴状，这种现象在液滴撞击壁面时也被发现[137-138]。Mendizadeh 等也通过分析指出[139]，这种不稳定性扰动最初是由相界面附近汽液两相明显的相对运动引起的，即瑞利-泰勒不稳定性(Rayleigh-Taylor instability)引起的表面波动。这种末端形成独立液滴而又有较细的液颈连接结构，液颈处存在末端液滴延伸过来的半径极小的弯曲表面，由拉普拉斯定律易证此处的内外压差极大，容易产生表面破碎断裂，在之后的演化中，如果具备足够的动能不断冲击补充其新生成的表面能，液体将会沿着这些末端指状液滴向四周发射出去。

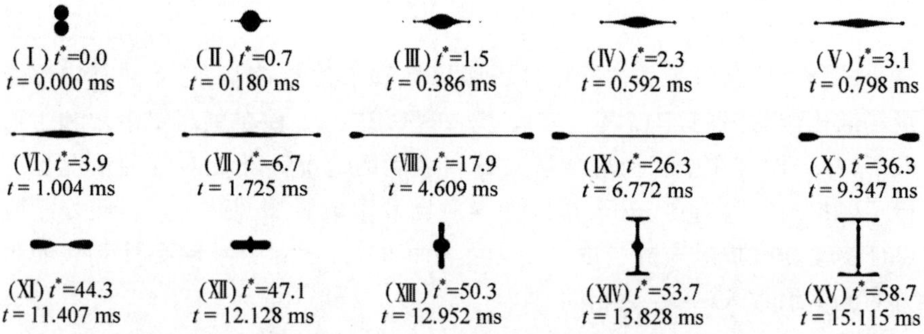

(Ⅰ) $t^*=0.0$ $t=0.000$ ms　(Ⅱ) $t^*=0.7$ $t=0.180$ ms　(Ⅲ) $t^*=1.5$ $t=0.386$ ms　(Ⅳ) $t^*=2.3$ $t=0.592$ ms　(Ⅴ) $t^*=3.1$ $t=0.798$ ms

(Ⅵ) $t^*=3.9$ $t=1.004$ ms　(Ⅶ) $t^*=6.7$ $t=1.725$ ms　(Ⅷ) $t^*=17.9$ $t=4.609$ ms　(Ⅸ) $t^*=26.3$ $t=6.772$ ms　(Ⅹ) $t^*=36.3$ $t=9.347$ ms

(Ⅺ) $t^*=44.3$ $t=11.407$ ms　(Ⅻ) $t^*=47.1$ $t=12.128$ ms　(XIII) $t^*=50.3$ $t=12.952$ ms　(XIV) $t^*=53.7$ $t=13.828$ ms　(XV) $t^*=58.7$ $t=15.115$ ms

图 5.15　解耦 MRT 模拟液滴反射不分离过程 ($Re=3890, We=210, r_0=0.5$ mm)

在此实验案例中，由于三维环状结构末端形成的独立液滴状表面积较大，其动能进一步被吸收为表面能，因而中间层薄液膜仅拉伸了约三个液滴直径的长度就开始回缩。而采用解耦 MRT 模拟的二维拉伸中，末端仅有两个液滴形状，因而大部分动能被分配到中间拉伸出来的细长薄液层表面能，其最长长度约为 13 倍液滴直径，故而其拉伸回弹的时间比三维实验更长，例如实验中液滴刚好回缩到一起的时刻在 $t=3.899$ ms，而模拟中回缩时刻为(Ⅻ)的 $t=12.128$ ms。相比较图 5.12 中结果而言，在更低的黏性和表面张力下，其碰撞后的拉伸显得更加容易，此时表面能和黏性的耗能相对动能来说是较小的。此外模拟结果图 5.15 中，设置的横向长方形计算域为 2816×768 的正交网格，四周为周期边界，因而模拟中 y 方向反弹的液体在上下边界相遇发生碰撞并形成了对称射流的形态，通过此形态可以验证解耦 MRT 算法的对称性以及周期边界设置的正确性。与液滴对撞不同的是，对称射流碰撞会有持续的液体从后方补充进来，使得边界处横向扩张的液层中间处仍然保持与两端相似的厚度。此时在较低的黏性下，中间沿 y 方向的发射液柱表现出了更为明显的流动不稳定性，形成了在表面起伏不定的波包。尽管二维和三维对比中由于表面积延展的区别导致解耦 MRT 模拟的液滴碰撞延展较长，但仍然在相同雷诺数和韦伯数下成功模拟了此时拉伸回退过程中连续收缩的现象。

图 5.16 和图 5.17 还展示了在此过程中的动能分布变化，可见在拉伸过程中是一直消耗动能的，此时动能主要集中在两侧末端的液滴处，中间液层内并不占据主要动能，其形态发展也较为稳定。由此可见，液滴演化的形态并非是简单随着雷诺数和韦伯数提升就一定断裂的，这其中涉及到动能、表面能、黏性耗散三者之间的动态分配问题，研究其分界判据仍是目前对液滴碰撞机理探索的重要课题。

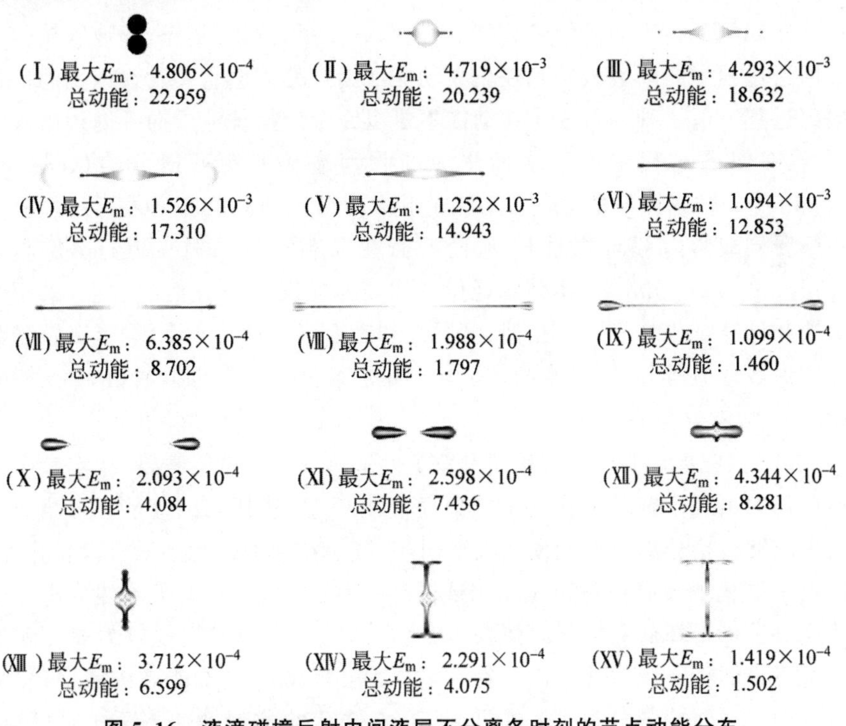

图 5.16　液滴碰撞反射中间液层不分离各时刻的节点动能分布

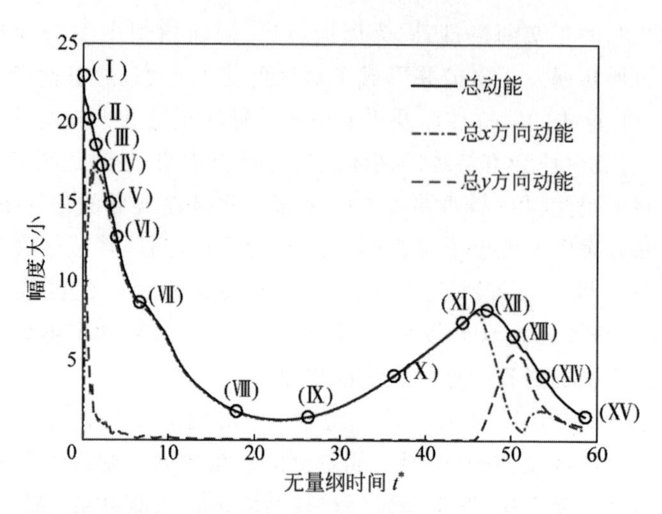

图 5.17　液滴碰撞反射过程动能随时间变化($Re=3890$,$We=210$,$r_0=0.5$ mm)

5.4.1.3　液滴碰撞后的拉伸回退破碎

在 5.4.1.2 节的案例参数之上,液滴碰撞还有两种形态,即液膜拉伸之后回退过程中的断裂破碎和在较大动能下沿拉伸方向直接发射液滴的散射破碎过程。前一种一般发生在动能不足以完全使拉伸液层向外继续破碎的时候,在回退过程中由于表面张力的收缩造成液滴回退分离(receding breakup);后一种则是发生在动能足够大使得拉伸液层在向外延展过程中不断受到液体内部向外冲击,从而不断在末端发射二次液滴的迅疾溅射(prompt splattering)。本节将通过对比模拟实现回退分离的过程,采用的参数和计算域仍与表 5.2 相似,将黏性和表面张力进一步降低,提高雷诺数和韦伯数近似等于 Pan 等的实验[16]图 3 案例(b)中的参数($Re=4686$,$We=277$,$r_0=0.55$ mm)。

图 5.18 展示了与实验相同参数下的解耦 MRT 模拟结果,在实验中碰撞后仍旧出现了圆环指状的末端独立液滴形态,消耗较多动能;末端液滴尚未能够直接分离出去便发生收缩回退,液层在回退过程中没有发生分离,但在 y 方向的反弹拉伸由于未出现圆环指状的形态,发生了拉伸分离。说明通过进一步降低黏性与表面张力,残余的动能在没有出现较大表面积的情况下足够将液滴拉伸分离。在解耦 MRT 模拟的二维液滴碰撞中,碰撞后时刻(Ⅲ)两端各分离了一个小液滴,在之后的拉伸中便不再出现断裂;

在拉伸后回缩的过程中由于表面张力作用，中间液层收缩较快，在时刻(Ⅸ)与两端液滴出现了断裂分离。在中间液层回缩后向 y 方向反弹拉伸的时候，在扩张的过程(XIV)中就出现了与实验一致的拉伸断裂。此时液滴碰撞的分离机制主要还是在回退反弹过程中表面张力的收缩过快，造成中间薄液层与两侧液滴连接的液颈处发生断裂。

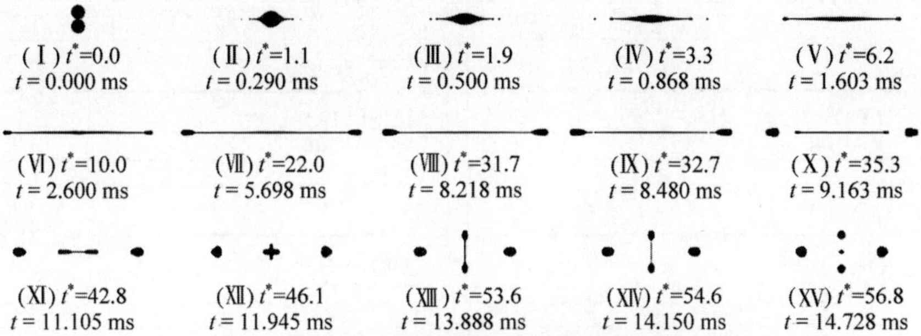

(Ⅰ) t^*=0.0　t = 0.000 ms
(Ⅱ) t^*=1.1　t = 0.290 ms
(Ⅲ) t^*=1.9　t = 0.500 ms
(Ⅳ) t^*=3.3　t = 0.868 ms
(Ⅴ) t^*=6.2　t = 1.603 ms
(Ⅵ) t^*=10.0　t = 2.600 ms
(Ⅶ) t^*=22.0　t = 5.698 ms
(Ⅷ) t^*=31.7　t = 8.218 ms
(Ⅸ) t^*=32.7　t = 8.480 ms
(Ⅹ) t^*=35.3　t = 9.163 ms
(Ⅺ) t^*=42.8　t = 11.105 ms
(Ⅻ) t^*=46.1　t = 11.945 ms
(XIII) t^*=53.6　t = 13.888 ms
(XIV) t^*=54.6　t = 14.150 ms
(XV) t^*=56.8　t = 14.728 ms

图 5.18　解耦 MRT 模拟液滴反弹拉伸分离过程

($Re=4685$, $We=277$, $r_0=0.55$ mm)

将雷诺数与韦伯数进一步提高至 $Re=6650$，$We=877$，$r_0=0.35$ mm 的状态，二维模拟结果如图 5.19 所示，在 Pan 等的实验[16]图 3 案例(c)中出现了明显的液滴直接沿圆环指状方向溅射分离的情形。此处采用解耦 MRT 模拟相同参数下的液滴对撞过程与实验的液滴演化形态做对比，这也是在较高雷诺数和韦伯数下液滴碰撞形态演化的一个关键转捩点，至此液滴碰撞将会产生大量的次级液滴向四周发散，形成较为复杂的多相流过程。此时次级液滴的脱离机制开始与之前中低雷诺数案例的发生变化，在初次撞击后向外延展的液盘末端开始出现直接向外激射分离的液滴，由于液膜上产生的流动不稳定性向外传导以及中间液体不断向外冲击，促使最外侧液滴由较薄的液颈处脱离开来，这些脱离后的液滴的速度仍然朝向外部。这种溅射的机制和速度与之前由于收缩过程表面张力剪断液颈而形成的次级液滴机制和脱离速度有明显不同。

图 5.19 展现了在 $Re=6650$，$We=877$，$r_0=0.35$ mm 下液滴碰撞的模拟过程。在 Pan 等的实验[16]图 3 案例(c)中液滴对撞后急速扩张，并在 $t=0.780$ ms 的时候首先向外发射极小液滴；在之后 $t=2.534$ ms 形成圆环指状液滴，然后在后续动量冲击下不断脱离圆环形成次级液滴；在 $t=3.509$ ms 的回缩过程中也产生了圆环处液滴与中间液层的脱离，有回退分离的现象；

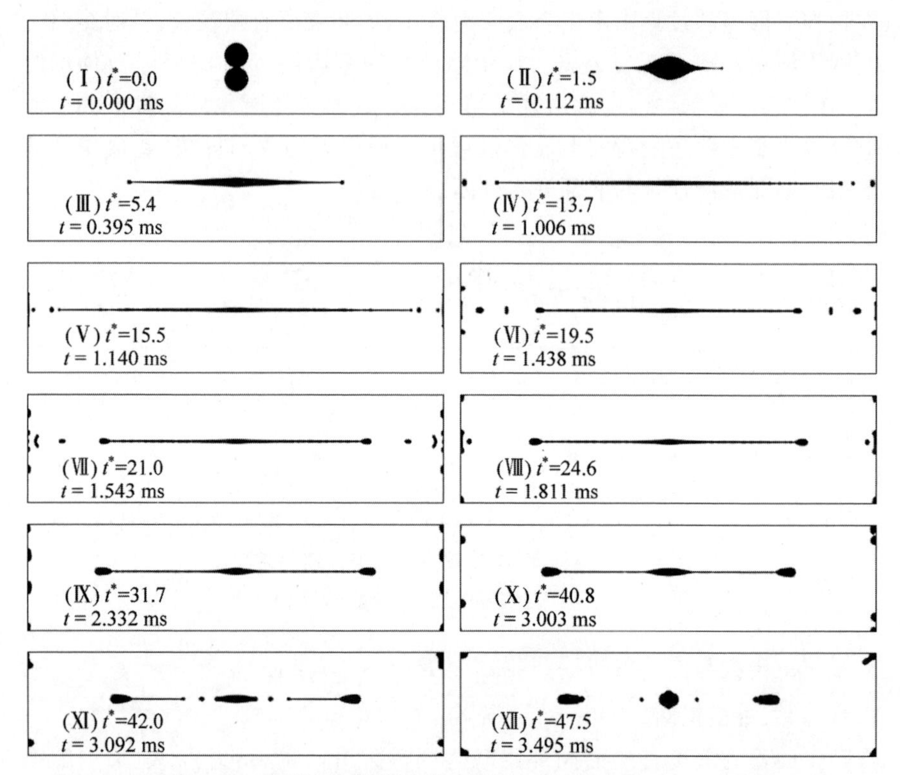

图 5.19　解耦 MRT 模拟液滴拉伸溅射过程($Re=6650, We=877, r_0=0.35$ mm)

最终液滴分离成较多的次级液滴。

在解耦 MRT 模拟的二维液滴碰撞图 5.19 中也发现了类似的情况。在向外扩张的(Ⅱ)时刻，由于两端点处速度过快，已经分离出两个极小的液滴；在之后的(Ⅳ)到(Ⅶ)时刻，液层在快速向外拉伸的过程中由于液层内部较大的动量冲击不断向两侧发射次级液滴，次级液滴在两侧周期边界上相遇并在此发生碰撞；之后(Ⅷ)到(Ⅹ)的过程由于中间液层内部动能不足不再向两侧分离液滴，而是在表面张力作用下开始回缩；在(Ⅺ)时刻回缩过程中又在较薄的连接液颈处发生断裂分离，形成如(Ⅻ)所示的 5 个次级液滴。模拟结果的整个演化过程内部机制与实验所示的液滴分离过程一致，尽管存在二维和三维的表面积相对大小的区别，但都在相同雷诺数和韦伯数下实现了向外溅射液滴和回退分离液滴的物理现象。

将其动能分布随时间的变化如图 5.20 和图 5.21 画出，首先从其空间

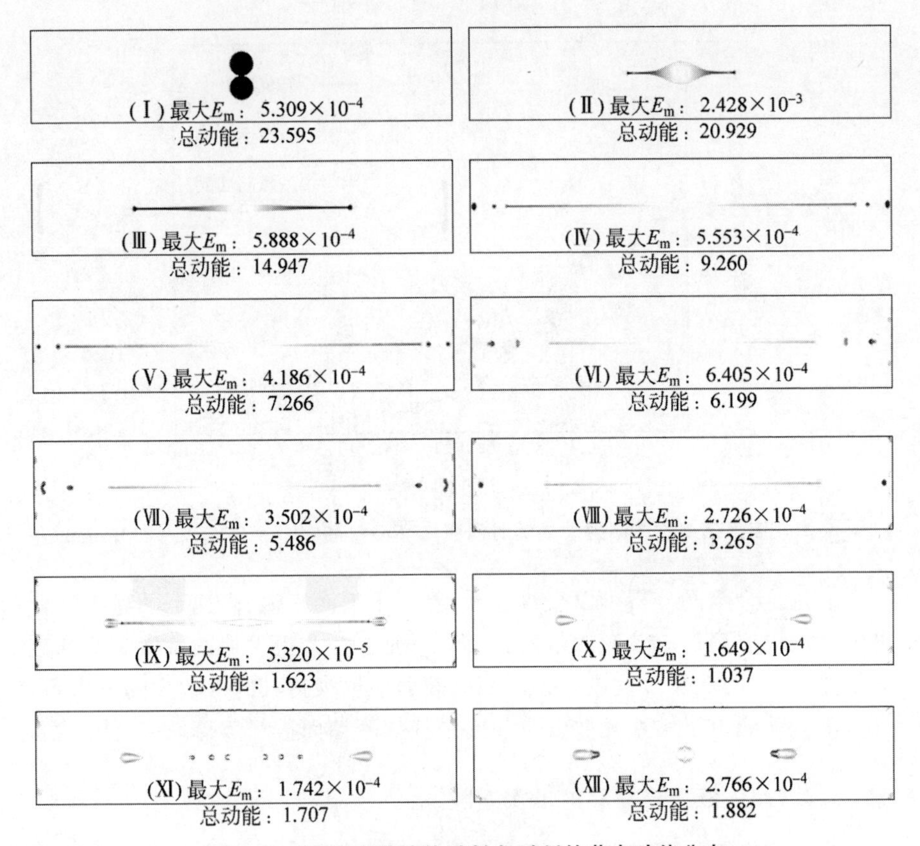

图 5.20　液滴碰撞拉伸溅射各时刻的节点动能分布

分布来看，拉伸过程中液滴的动能主要集中在两端，尤其是末端处的指状液滴的速度比其余部分更高，即使在液滴沿末端断裂溅射出去后仍然保持了较高的速度(带走较多的动能)。在(Ⅸ)时刻可见最大的单节点动能仅为 5.320×10^{-5}，此时两侧端点已不具备足够的动能使得中间液层向外继续扩展和发射液滴，于是在表面张力作用下发生回缩。在中间液层向外发射液滴的(Ⅳ)时刻至(Ⅸ)时刻，中间液层长度由于不断向外发射液滴而变短，总动能在不断变小。由于较多的液滴已脱离主体，中间液层回缩带来的表面能向动能的转换对于整个系统的动能来说已不是主要部分，这可以从图 5.21 的(Ⅸ)到(Ⅻ)看出。表面张力恢复的总动能并不明显，但单节点最大动能在图 5.20 的(XI)中仍然回升到了 1.742×10^{-4} 的较高水平，此时的最大速度集中在两侧液滴回缩的液颈处，故再次发生了回缩过程中液颈收缩导致的次级液滴分离。

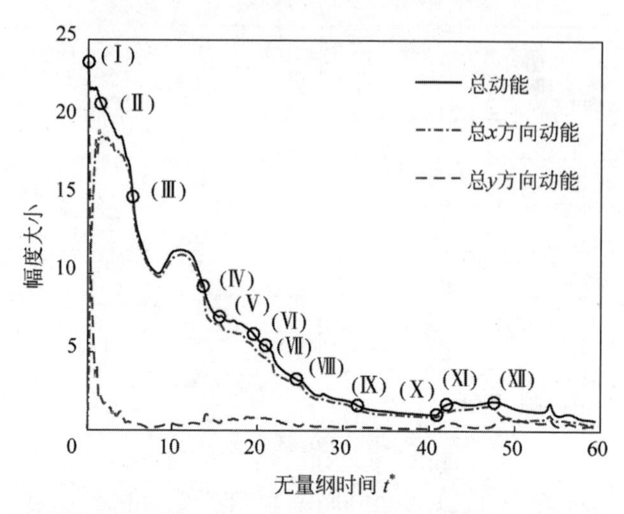

图 5.21 液滴碰撞拉伸溅射动能随时间变化(Re=6650, We=877, r_0=0.35 mm)

通过这个案例分析可以直观地看到，对于液滴来说，高速下的碰撞并分离大量次级液滴形成较大的表面积/体积的比值，会极大地衰减液滴所携带的动能，这些动能被转换成更小液滴的表面能以维持其内外较大的压力差，也有部分动能由于黏性耗散以及与周围气体摩擦而被耗散掉。

5.4.1.4 液滴碰撞后的迅疾溅射

当液滴碰撞的雷诺数和韦伯数进一步提高，其形态演化就变为迅疾溅射的过程。在 Pan 的实验图 3 案例(d)中展示了液滴碰撞后发生迅疾溅射的实验快照[16]，此时 Re=8960, We=1593, r_0=0.35 mm，其图中上、下不对称的形态是受到重力的影响，此处模拟过程不考虑重力。

在实验中，液滴在碰撞后极短时间内拉伸出很长的中间薄膜，且在拉伸过程中产生很小的次级液滴沿着圆盘末端处指状液滴快速地溅射出去，整个液膜会随之不断减少并在 t=1.316 ms 时完全破碎。图 5.22 中展现了相同雷诺数和韦伯数下使用解耦 MRT 模拟的迅疾溅射过程，整个过程也非常短暂。在碰撞刚开始的时候从液滴接触侧面腰部就开始发射液滴，在之后扩展过程(Ⅱ)至(Ⅲ)也在不断产生极小液滴；而在(Ⅳ)至(Ⅷ)时刻，其仍在沿末端处溅射液滴，液滴在两侧周期边界处相遇并再次发生碰撞；在(Ⅸ)至(Ⅹ)时刻，中间液膜因被拉伸而完全破碎，这与实验中的破碎机理一致。

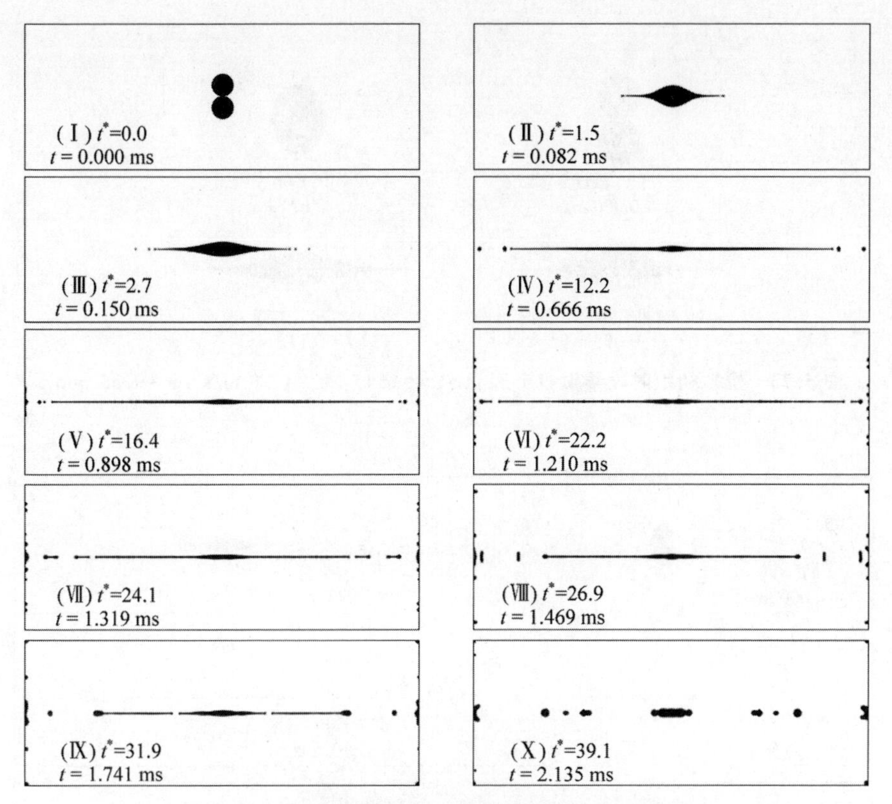

图 5.22 解耦 MRT 模拟液滴碰撞后的迅疾溅射过程
($Re=8960, We=1593, r_0=0.35$ mm)

图 5.23 展示了在液滴碰撞初期极小液滴的溅射过程,当韦伯数和雷诺数较高时,碰撞初期即在融合液滴的腰部延伸液层末端直接发射出极小的液滴。对比之前不同韦伯数下不同时刻溅射的液滴可见,韦伯数越高,其腰部形成的液盘厚度就越薄,而次级液滴的直径大小又与拉伸液层末端的厚度相关性较高,故初期从其末端发射出去的次级液滴极小,这与 Roisman 等[137]在液滴撞击固壁中观察到的规律类似。

最后再将雷诺数和韦伯数进一步提高至 $Re=16100, We=5143, r_0=0.35$ mm。图 5.24 展示了在此高雷诺数、高韦伯数下液滴碰撞发生迅疾溅射的过程模拟,这也是 Pan 等实验中选用的最高参数[16],其展示了液滴碰撞后发生迅疾溅射的实验快照,目前尚未有其他文献记载在此高参数下的数值模拟与本例实验的对照验证。

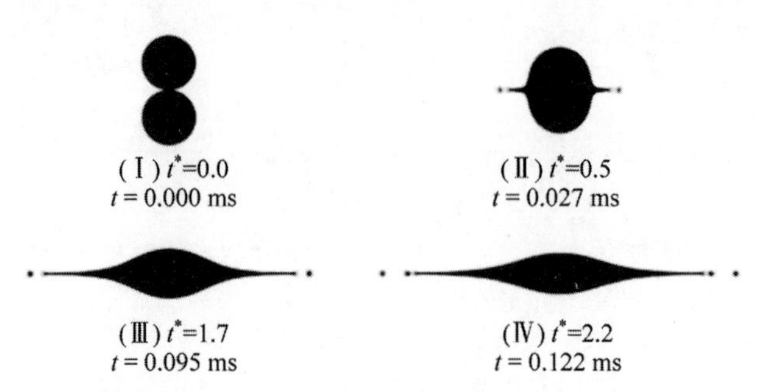

图 5.23　模拟初始时段溅射极小液滴($We=1593, U_r=12.8$ m/s, $r_0=0.35$ mm)

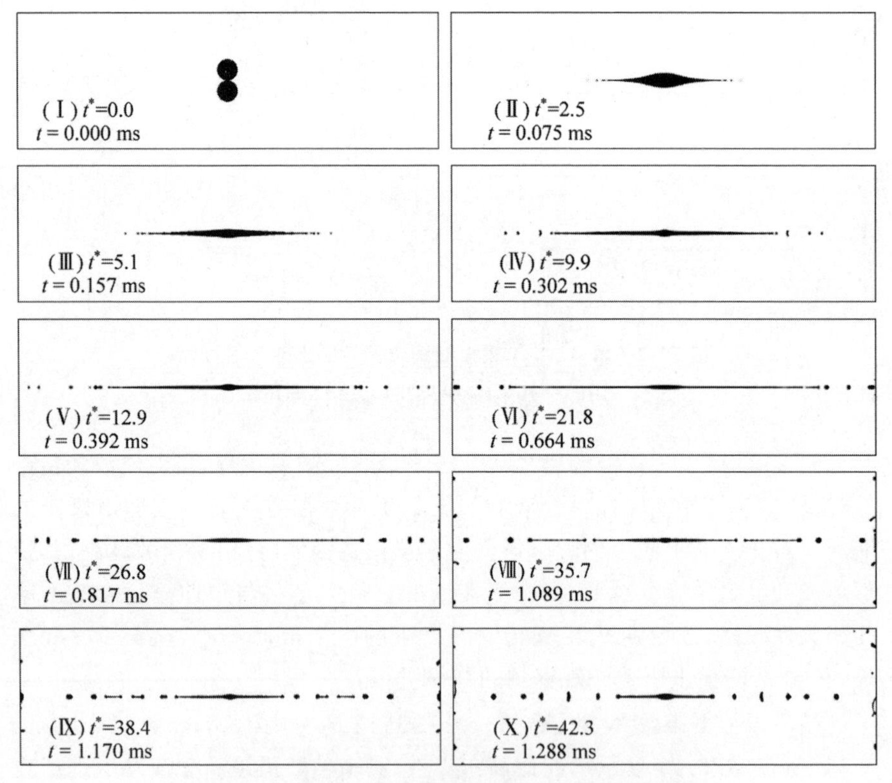

图 5.24　解耦 MRT 模拟高参数下液滴迅疾溅射
($Re=16100, We=5143, r_0=0.35$ mm)

此时，液滴形态演化并没有明显的机制转换，仍然是迅疾溅射后中间液膜的完全破碎，但其破碎的时间比上一个案例更早，且分离大量更小的液滴。在模拟中(Ⅲ)时刻可见其两端延伸出去的液层末端由于流动不稳定性形成了连续起伏的波状表面，进而不断有小液滴从此发射出去，这种流动不稳定性比起图5.22中相似的时刻(Ⅲ)表现得更为明显；而在持续不断地从两端脱离液滴后，在(Ⅷ)时刻仍然可见拉伸液层表面上存在明显的流动不稳定性导致的液体波包，这使得最终在(Ⅹ)时刻主体处断裂生成的次级液滴比上一案例的(Ⅹ)时刻更多，即中间液层主体在更高参数下破碎得更完全，可见由于流动不稳定性引起的表面起伏是诱导液滴分离的重要原因。

图5.25展现了高参数迅疾溅射案例下的节点动能分布，由图可见在溅射过程中分离出去的液滴速度比起主体来说更大，明显带着较多的动能分离。图5.26显示在初始向外溅射小液滴的过程(Ⅰ)至(Ⅴ)中，整个系统的

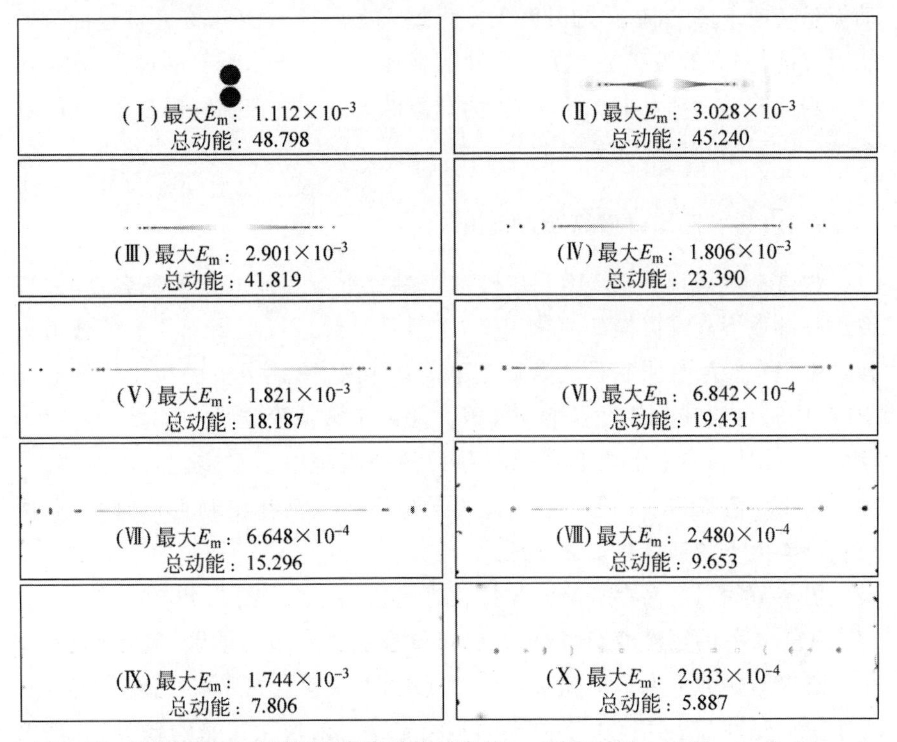

图5.25 液滴碰撞迅疾溅射的节点动能分布($Re=16100$, $We=5143$, $r_0=0.35$ mm)

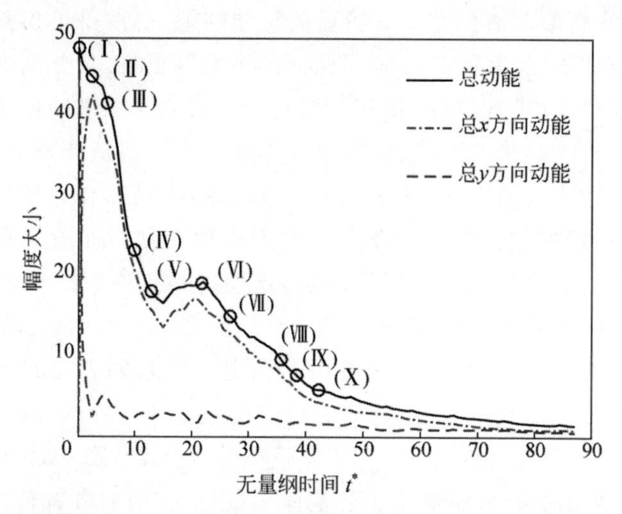

图 5.26　液滴迅疾溅射总动能随时间变化($Re=16100$,$We=5143$,$r_0=0.35$ mm)

动能呈迅速下降的状态,向外溅射小液滴的过程不仅意味着其带走部分动能,也说明独立的液滴上聚集了大量表面能。对于迅疾溅射的过程,几乎不存在表面能转换回动能的过程,因为分离的大量独立液滴可以自由存在,不会由于表面拓扑演化而导致收缩回弹。

5.4.1.5　液滴碰撞高参数模拟

为进一步展现解耦 MRT 在模拟高参数下多相流的数值稳定性,并探究更高参数下液滴碰撞的演化规律,本节将继续进行更高参数下的数值模拟。由于实验条件限制目前尚缺乏更高雷诺数、韦伯数下的实验数据对比文献,同时目前其他各类多相流模拟方法由于数值稳定性和捕捉与追踪界面的能力限制,尚未发现实现此高参数的液滴碰撞形态演化的模拟研究。此处将采用解耦 MRT 进一步对高参数范围内的演化机制进行研究,以探究更高参数下的液体界面破碎原因。

以本节的三个高参数液滴碰撞模拟过程图 5.27、图 5.28 和图 5.29 对比 5.4.1.4 节的迅疾液滴溅射结果,可知在更高参数下的液滴碰撞仍大致呈现迅疾溅射的形态。但随着参数的提高,不仅发射的液滴直径更小,同时由于更低黏性和表面张力下的流动不稳定性对液层主体影响较大,呈现出非常强烈的自分解效应(中间液层会随着微小扰动而自我摆动甩离液滴),

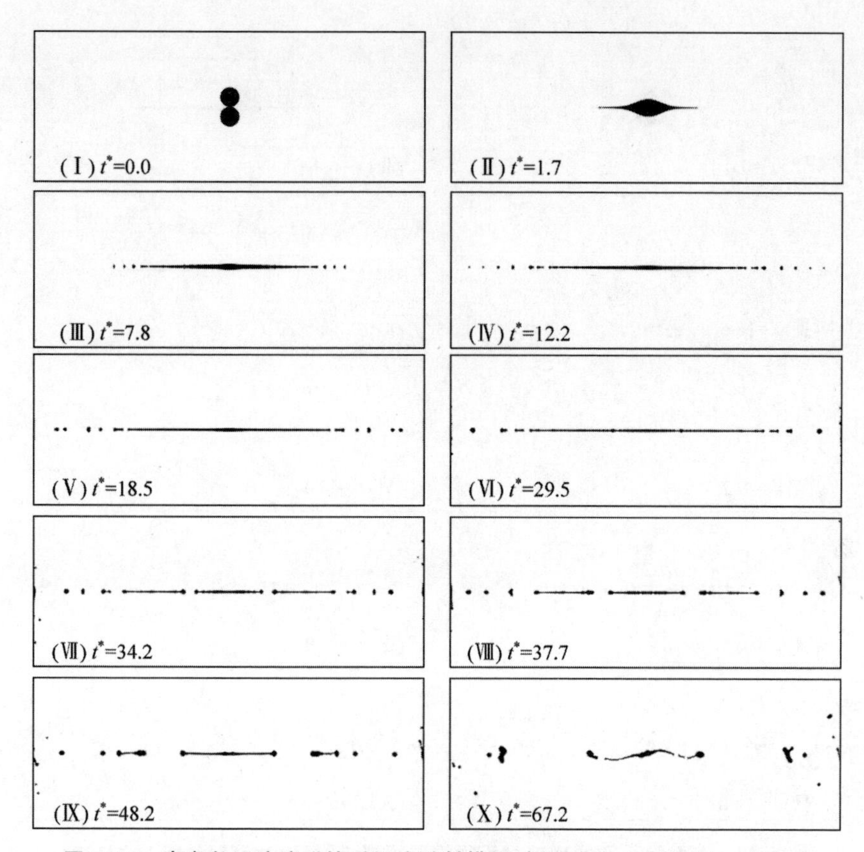

图 5.27　高参数下液滴碰撞后迅疾溅射模拟过程($Re=37583$,$We=12372$)

液体的黏性附着效应极小,此时中间剩余的液层随着扰动不断分解为极小的液滴。例如在图 5.29 的(Ⅵ)时刻中可见,此时由于流动不稳定性造成的液层表面波动非常明显,其机理类似于图 5.19 所示案例中圆环末端由于流动不稳定性诱导形成的独立液滴波状,但此处发展极快且在中间液层处大量堆积,进而促使液滴从其连接液颈处不断脱离分离。另外在最高参数的案例条件下($Re=45463$,$We=55980$),中间残余液层由于液层的自扰动呈现了图 5.29(Ⅸ)时刻的完全破碎状态。

对于模拟的对称性需要在此解释一下,后面几个高雷诺数案例的后期模拟出现了轻微的上下和左右的不对称。对于高雷诺数流动来说,由于极低的黏性,整个系统对于计算机浮点精度误差扰动的积累效应较为敏感,即使本章的算法及模拟布置都是完全对称的,并采用双精度图形显卡计算,但

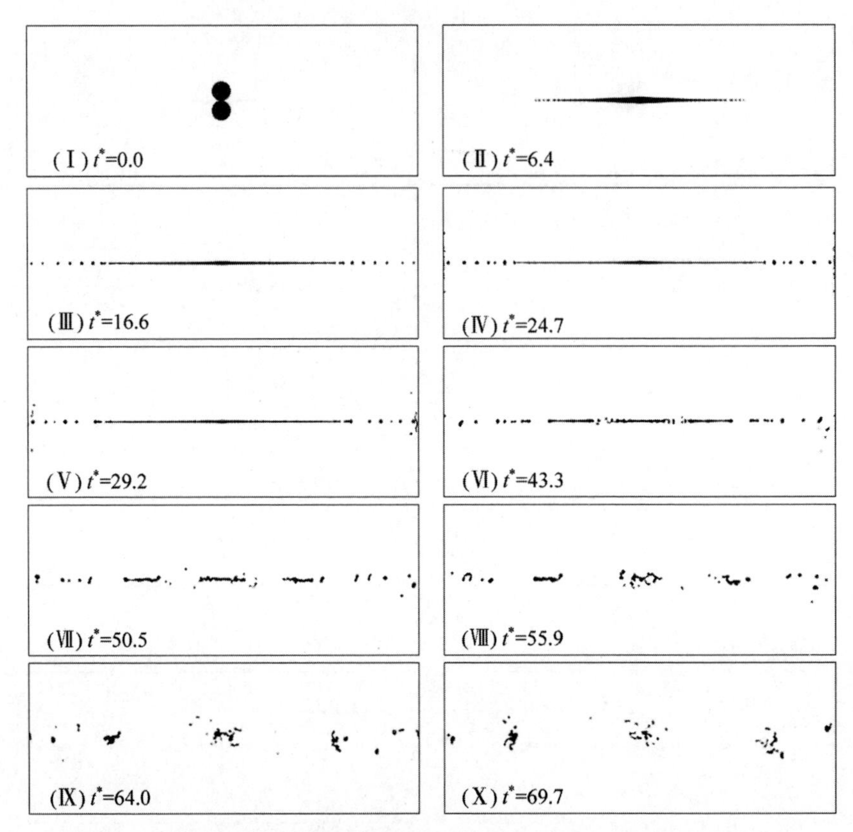

图 5.28　高参数下液滴碰撞后迅疾溅射模拟过程(Re=35856,We=23128)

经过长时间演化后其形态也不再像低雷诺数案例那样具有对称性。这种低黏性下对称性被打破的性质存在于目前各类跨尺度低黏性模拟研究中,当浮点误差积累效应高于物理黏性及数值黏性的时候,就会打破对称性[140],如何尽可能地在编程中保持这种对称性仍需要研究。而在实际实验中,由于存在各种环境和设备造成的扰动,也几乎不可能保持在高雷诺数下的完全对称性。

对于高韦伯数下出现的极小液滴在模拟中变为汽相的问题,其原因是伪势多相流模型是允许汽液转变的单组分两相相变模型,因而当使用很少的网格刻画一个小液滴的时候,其格子半径极小,由拉普拉斯压力定律 $\delta p=p_{\text{in}}-p_{\text{out}}=\sigma/r$ 易知相界面内外压差极大,相间力(表面张力)无法平衡这种压力差进而使得小液滴蒸发为汽相,其过程可视为液滴在等温过程

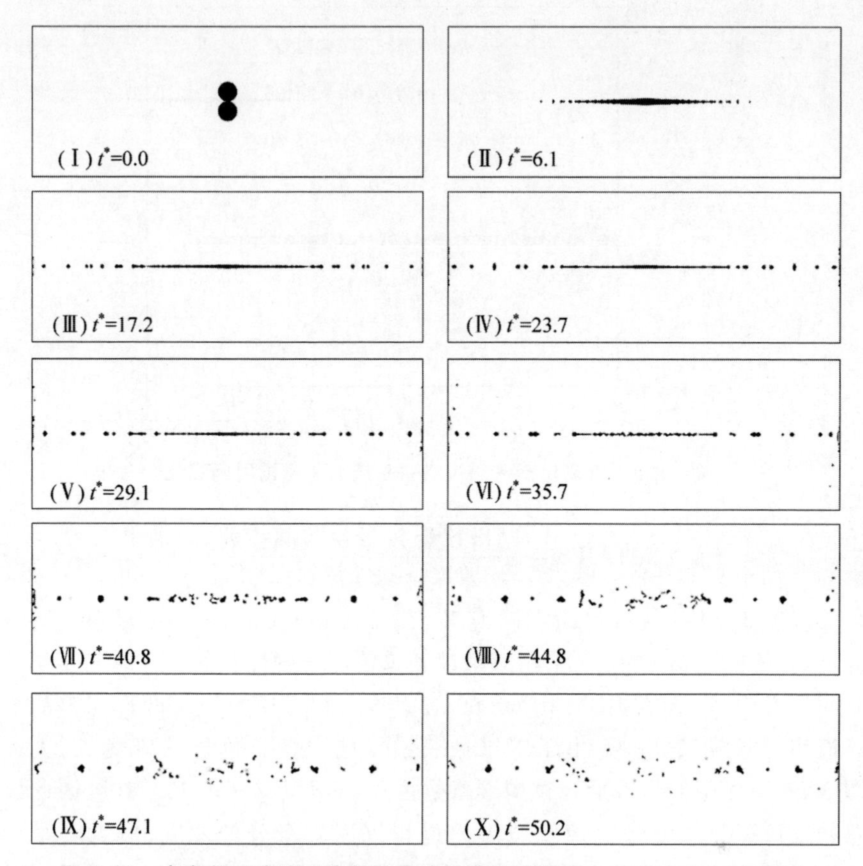

图 5.29　高参数下液滴碰撞后迅疾溅射模拟过程($Re=45463, We=55980$)

中得到足够的潜热能量进而变为等温蒸汽。这种耦合热力学压力产生相变的模型使其具备天然的热耦合特性,可用于研究液滴冷凝、气泡成核沸腾等问题,且无需添加人工定义的相传输量就能自发产生这些相变演化。这种小液滴变为汽相的过程并不影响系统的质量守恒,图 5.30 显示了三个高雷诺数、高韦伯数下的液滴溅射案例的总质量随时间的变化过程,可见此时系统的质量守恒特性保持得很好。

此处解耦 MRT 算法采用了图形处理器(graphics processing unit, GPU)并行加速的手段进行编程计算,取得了较好的加速效果。在 LBM 中常采用每秒更新百万网格数(million lattices update per second, MLUPS)来衡量计算效率,其定义为

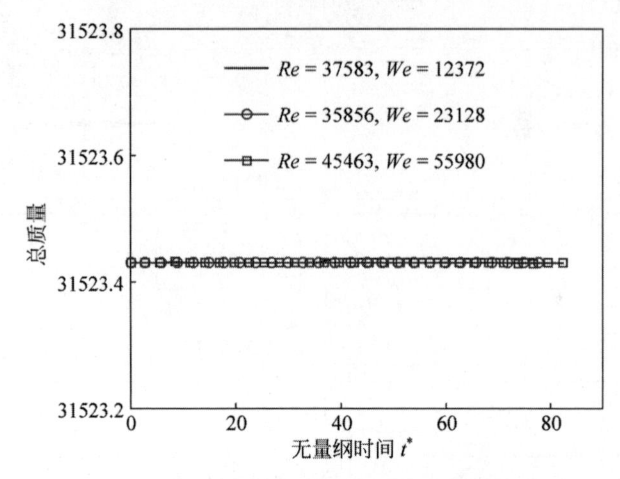

图 5.30 液滴迅疾溅射案例中系统总质量随时间变化

$$\text{MLUPS} = \frac{\text{网格数量} \times \text{计算时间步数}}{\text{计算时长秒数} \times 10^6} \tag{5-42}$$

以图 5.29 的液滴对撞案例为例，使用 Nvidia Tesla V100 单显卡进行计算，在不同网格尺寸下，采用双精度和单精度分别计算 60000 时间步所需时间见表 5.3。而在 LBM 中 60000 时间步大约可模拟一至两次完整的上述液滴对撞破碎过程。由于二维液膜沿横向拉伸长度比三维更长，上述图 5.29 中采用的长条形计算域网格数为 $1536\times4096\approx6.29\times10^6$，因此以双精度计算一次液滴对撞完全破碎过程仅需要十分钟左右，可见若采用 GPU 并行的 DSLBM 程序将能够极大提升模拟应用案例研究的工作效率。

表 5.3 解耦 MRT 在单块显卡中的计算效率对比

60000 时间步				
网格数	双精度耗时/s	双精度 MLUPS	单精度耗时/s	单精度 MLUPS
$1024\times1024\approx1.05\times10^6$	161	391	111	567
$2048\times2048\approx4.19\times10^6$	552	456	360	699
$3072\times3072\approx9.44\times10^6$	1218	465	780	726
$4096\times4096\approx1.678\times10^6$	2328	432	1340	751

5.4.2 液滴溅射案例

液滴溅射广泛存在于生活和工业生产中，如雨水敲击湿地面、食品加工、液滴撞击湿润的壁面等，由于其在不同雷诺数和韦伯数下会呈现不同的演化形态，所以液滴溅射也是液滴动力学研究的重点之一。同时因为其在高雷诺数与高韦伯数下同样会遇到数值发散的问题，也可以作为检验界面多相流数值算法稳定性的重要案例。在 LBM 的算法发展中，其经常被当作检验算法稳定性的标准案例[81,83,110,125]。

在本节中，选择了四个典型代表案例展示液滴溅射在不同雷诺数和韦伯数下的演化过程，即低 Re 低 We，高 Re 低 We，低 Re 高 We，高 Re 高 We。计算域选为 800×2000 的正交网格，上下为固壁无滑移条件，左右为周期条件。液滴半径 $r_0=60$，液滴初始中心位于坐标(610,1000)处，以初始速度 U_i 垂直撞上右侧底部一层厚度 $h=27$ 的薄液层，此处暂不考虑重力效应。

为进一步将模拟的汽液密度比提高以体现其在高密度比下的数值稳定性，选择的 CS 状态方程参数为 $a=0.02$，$b=4$ 和 $R=1$，汽液密度调节系数为 $\epsilon=1.7$，模拟温度选在 $0.45T_c$。在经过初始化后静态运行 50000 时间步达到平衡态，其平衡液、汽密度分别为 0.4805 和 7.24×10^{-5}，即密度比 DR≈6637。松弛因子设为 $s_\rho=s_j=1$，其余松弛因子根据黏性需要设置。调节系数 β 根据稳定性需要取值为 0.7～0.9，汽液黏性比 μ_r 和 $\mu_{b,r}$ 根据稳定性需要取值为 50～500，令无量纲时间为 $t^*=tU_i/D$，D 为液滴直径。雷诺数 $Re=2r_0U_i/\nu_l$，韦伯数 $We=2r_0\rho_lU_i^2/\sigma$，奥内佐格数定义为 $Oh=\sqrt{We}/Re$。

图 5.31 显示了液滴溅射后的过程。案例(a)属于中低雷诺数和韦伯数的状态($Re=1003$，$We=266$)，此时生成的两侧溅射液膜相对来说是比较厚的，其末端处由于流体向外冲击及表面张力收缩作用形成的液滴直径相对来说也比较大。此时的表面张力已经比较小，有足够的动能向表面能转化，因而能让液滴持续不断地向外溅射直到液膜耗尽。

而案例(b)则将雷诺数提高到了 $Re=71928$，韦伯数 $We=259$。此时的发射形态类似案例(a)，溅射液膜厚度几乎不变，说明当黏性降到一定程度后黏性消耗对动能的损失并非起主导作用。但在此高雷诺数下与案例(a)小液滴沿液层方向末端逐次脱离的现象有所区别，由于较强的惯性冲击，其底部会产生较强的流动不稳定性并沿液膜向溅射方向传递，具备一个与延伸液层方向正交的横向剪切作用，进而在 $t^*=13.7$ 时刻直接从较细的液颈处通过横向摆动甩离了一个较大的液滴部分。

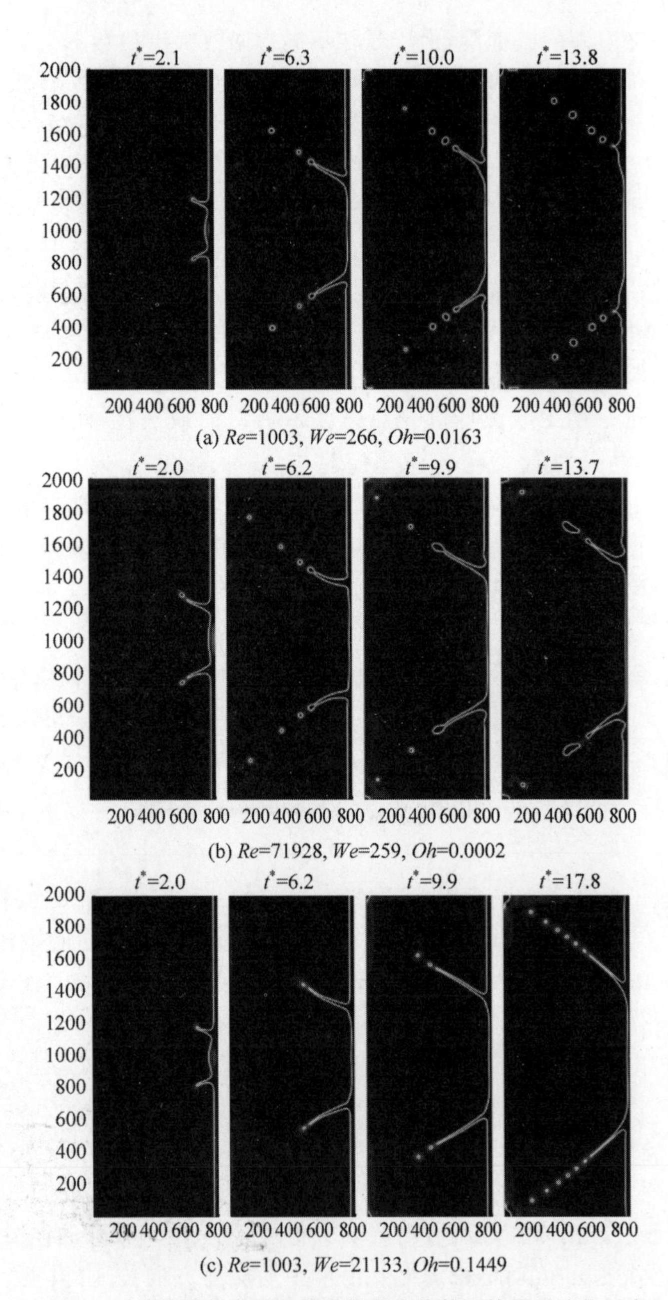

(a) Re=1003, We=266, Oh=0.0163

(b) Re=71928, We=259, Oh=0.0002

(c) Re=1003, We=21133, Oh=0.1449

图 5.31　液滴溅射在不同雷诺数和韦伯数下的界面演化形态

注：图中坐标为流场的横纵空间坐标值。

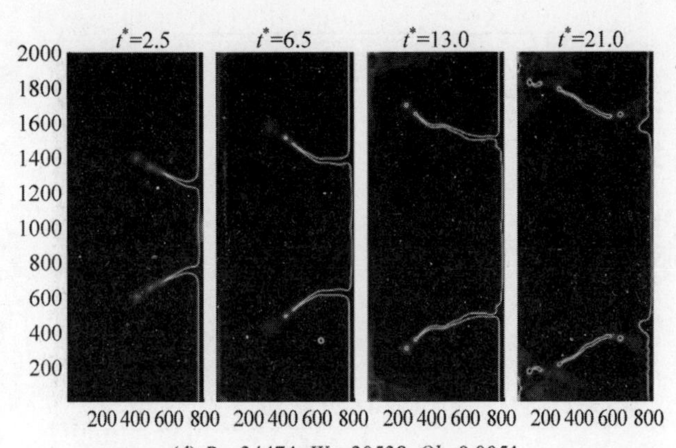

(d) Re=34474, We=30538, Oh=0.0051

图 5.31　(续)

案例(c)则展示了低雷诺数、高韦伯数的情况($Re=1003$,$We=21133$)。在案例(a)的基础上提高韦伯数,此时在极低的表面张力作用下可见,两侧形成的延伸液层厚度变得极薄,进而末端脱离的液滴直径也随之变得较小,而末端液滴溅射频率也更高。这与液滴碰撞中的规律一致,可见表面张力的变化对于溅射演化表面和分离液滴的影响比黏性更重要,并且是影响延伸液层厚度和次级液滴大小的重要因素。

案例(d)则展现了一种高雷诺数、高韦伯数下的液滴溅射形态($Re=34474$,$We=30538$)。溅射液层同样非常薄,且由于低黏性造成其惯性较大,挤压底部形成的流动不稳定性不断沿溅射液层传播形成波动状,在 $t^*=21.0$ 时刻由于波动的横向剪切使得底部较细的连接液颈处直接断裂。

至此可以总结出在液滴动力演化中,低黏性会使得液体保留较大的惯性进而更容易引发表面的流动不稳定性形成波动,而低表面张力则使得脱离的液滴带走的表面能更少,因而更多更小的次级液滴能在低表面张力情况下脱离主体。

此处再验证一下 3.2.3 节中提到的关于液滴溅射延展半径与无量纲时间的幂次关系,即 $r/D=C\sqrt{t_s}$,C 为常数,与液层厚度 h_0 有关,$t_s=(t-t_0)U_\mathrm{i}/D$,$t_0$ 为液滴刚接触液层表面的时刻。图 5.32 给出了四个案例的结果,可见其体现了非常好的线性拟合关系,即延展半径与无量纲时间呈 1/2 次幂的关系。这种关系是描述液滴与液层接触后的运动学关系,可以较好地检验模拟的运动学精度。

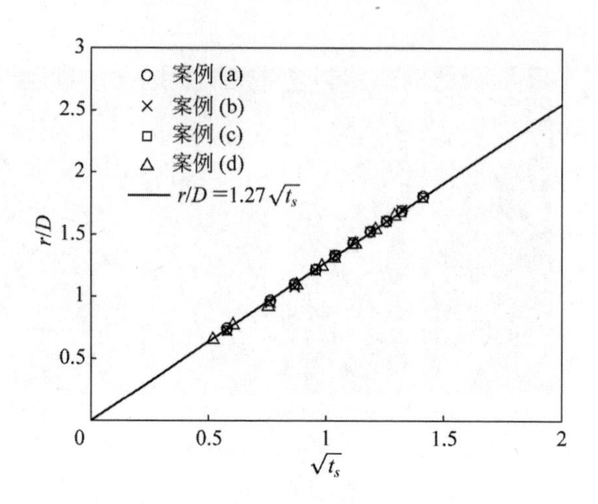

图 5.32 液滴延展半径与时间的幂次关系

5.4.3 液滴撞击固壁案例

液滴撞击表面干燥的固壁(dry wall)案例也是实际生活和工业中常见的案例，例如发动机内部燃料喷雾撞击壁面、汽水分离、液滴落在干燥地面、化学表面沉积、芯片制备流体沉积等过程。相比于液滴在薄液层的溅射，液滴撞击固壁在形态演化上更为复杂，除速度、黏性、表面张力外，还受到固壁表面粗糙度(roughness)、亲疏水性(wettability)、周围气压的影响，其数值模拟上也更为不稳定。在低黏性、低表面张力、高汽液密度比下，液滴高速撞击固壁的过程中与固壁接触瞬间受到较强的反向力，使得其内部发生非常迅速的速度突变，又加之受到壁面粗糙度条件、亲疏水性、无滑移壁面边界条件等影响，在实际模拟中各类方法包括 VOF、Level-set、相场方法、Front-tracking 方法、光滑粒子法(smoothed-particle hydrodynamics, SPH)、LBM 等都很容易发生数值奇异发散。故其数值模拟仍长期受限于低参数下，具体可见 1.2.3 节中的研究现状介绍。

此处采用解耦 MRT 模拟此类案例，选择 400×2000 的正交网格，上下为周期边界条件，左右为干燥固壁条件，并在固壁上额外施加亲疏水性壁面条件，暂不考虑重力和固壁表面粗糙度，其余参数设置与 5.4.2 节液滴撞击薄液层的设置相同。将一个半径 $r_0=60$ 的液滴置于初始坐标(640,1000)处，在经过初试化后静态放置运行 50000 时间步达到平衡态，平衡液、汽密度分别为 0.4805 和 8.40×10^{-5}，即密度比 DR≈5720。雷诺数与韦伯数定义与 5.4.2 节液滴溅射的定义一致，当液滴以初始速度 U_i 垂直撞上右侧固壁，由于初始速度、黏性、表面张力、亲疏水性不同而产生不同的演化形态。

液滴的表面亲疏水性质可从其接触角表现出来，图 5.33 为液滴在固壁表面的接触角示意图[141]。当表面为亲水性质时，接触角 $\theta<90°$；当表面为疏水性质时，接触角 $\theta>90°$；当表面为中性时，接触角 $\theta=90°$。表面的亲疏水性质会极大影响液滴撞击壁面后的形态，也会影响沸腾时气泡的生成和脱离等。

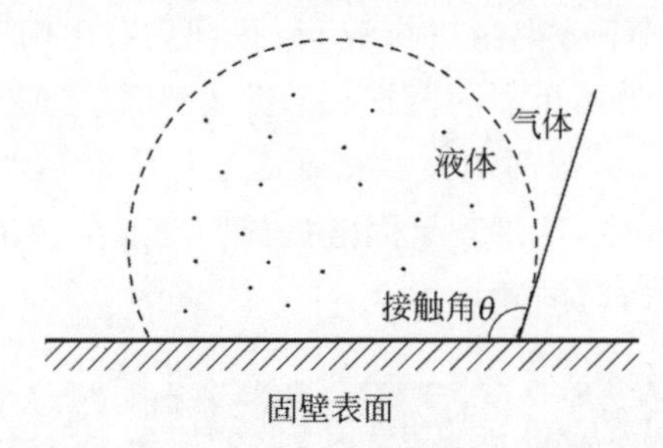

图 5.33 液滴在固壁表面接触角示意图

而这种表面亲疏水性质在 LBM 中可以通过表面黏附作用力格式来引入[142]：

$$\boldsymbol{F}_{\text{ads}}=-G_{\text{w}}\psi(\boldsymbol{x})\sum_{\alpha=1}^{8}w(|\boldsymbol{e}_\alpha|^2)S(\boldsymbol{x}+\boldsymbol{e}_\alpha\delta_t)\boldsymbol{e}_\alpha \tag{5-43}$$

这里 G_{w} 为常数；$S(\boldsymbol{x}+\boldsymbol{e}_\alpha\delta_t)=\psi(\boldsymbol{x})s(\boldsymbol{x}+\boldsymbol{e}_\alpha\delta_t)$，$\psi(\boldsymbol{x})$ 为伪势，$s(\boldsymbol{x}+\boldsymbol{e}_\alpha\delta_t)$ 为开关函数（在固壁节点为 1，在流体节点为 0）。在壁面附近采用此表面黏附作用力格式可以很好地复现图 5.33 所示接触角，并可在模拟动态运动时自动实现不同的前进接触角和后退接触角，这是目前其他方法（如 VOF 和 Level-set 等）不具备的优势，动态接触角特性在表面物理及流动沸腾中具有重要作用。对于本节所采用的反弹固壁边界条件来说，当 $G_{\text{w}}=0.01$ 时可给出 90°的中性静态接触角，因此定义 $G_{\text{w}}>0.01$ 时为疏水壁面，$G_{\text{w}}<0.01$ 时为亲水壁面。

对于本节模拟的液滴碰壁案例来说，雷诺数 Re、韦伯数 We 以及壁面常数 G_{w} 共同决定了演化的形态。之前的实验研究中指出[17]，液滴碰壁后的形态演化包括沉积、迅疾溅射、皇冠状溅射、回退破碎、部分反弹、完全反弹等。

图 5.34 展示了在不同条件下模拟得出的液滴演化形态，其中案例(a)和案例(b)显示了液滴在超疏水表面完全反弹的情形。由案例(a)中低雷诺数的情况可见，液滴内部黏性较大，具有一定的弹性，所以其变形相对来说不严重，保持了较为完整的液滴形态；而案例(b)中为较高雷诺数($Re=2844$)和韦伯数($We=81$)的情形，液滴的变形比较明显，液滴表现出一定的流体特性。

案例(c)中 $G_w=0.037$，此时壁面对液滴的黏附性相比案例(b)更大，但仍处于疏水表面，在液滴发生如案例(b)中的铺展并往中间收缩的时候，其在壁面黏附力拉扯下分离为三个液滴，并且只有中间液滴仍有足够的动能再次发生反弹，其余两个液滴碰撞融合后黏附留在壁面，此即部分反弹。此外由案例(c)中可见，当两侧液滴在壁面上往中间运动时，前进接触角和后退接触角明显不一致，这展现了固液汽界面动态接触角的物理特性，也是 LBM 在模拟这类问题时的独特优点。

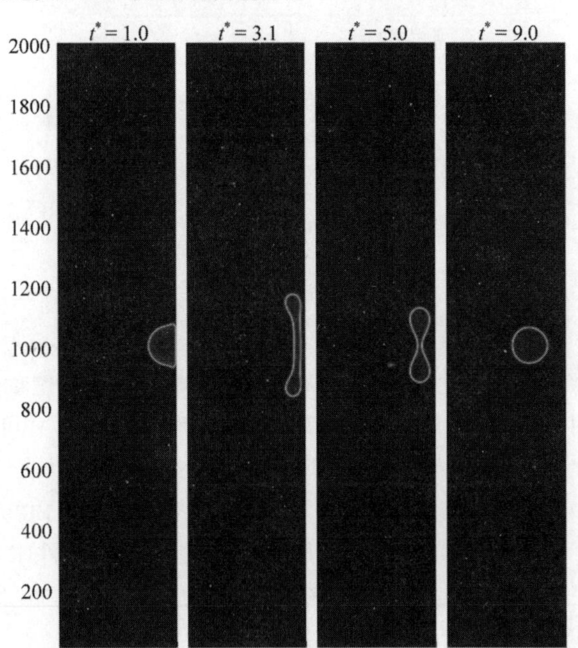

(a) 完全反弹, Re=36, We=31, G_w=0.1

图 5.34　液滴撞击固壁在不同参数下的演化过程

注：图中坐标为流场的横纵空间坐标值。

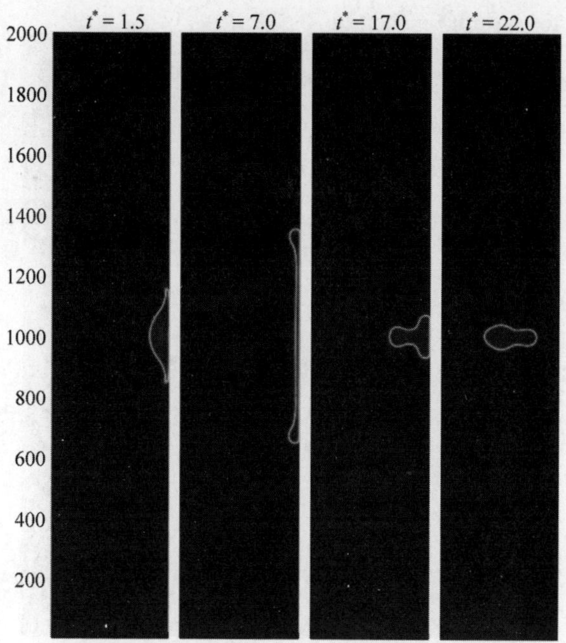

(b) 完全反弹, Re=2844, We=81, G_w=0.06

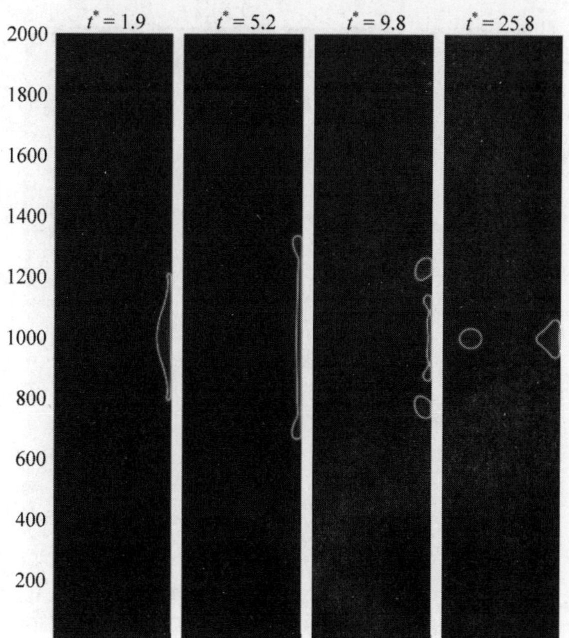

(c) 部分反弹, Re=2021, We=72, G_w=0.037

图 5.34　(续)

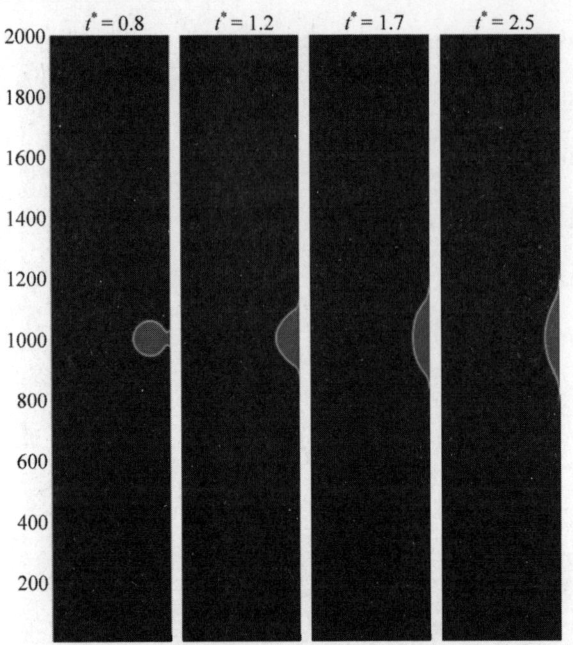

(d) 沉积, Re=8.8, We=2.6, G_w=−0.05

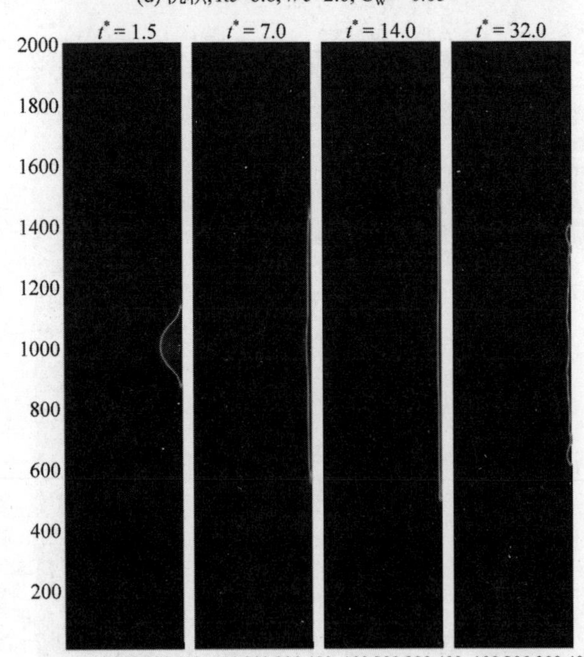

(e) 回退破碎, Re=22982, We=166, G_w=0.01

图 5.34 （续）

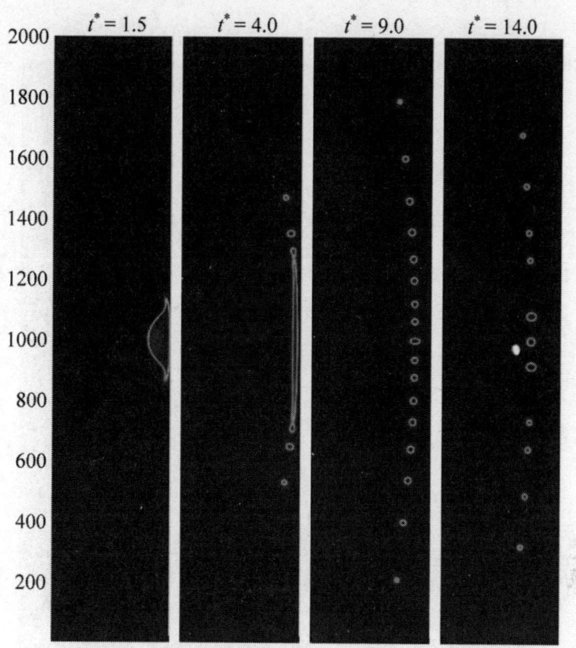

(f) 迅疾溅射, Re=22982, We=166, G_w=0.08

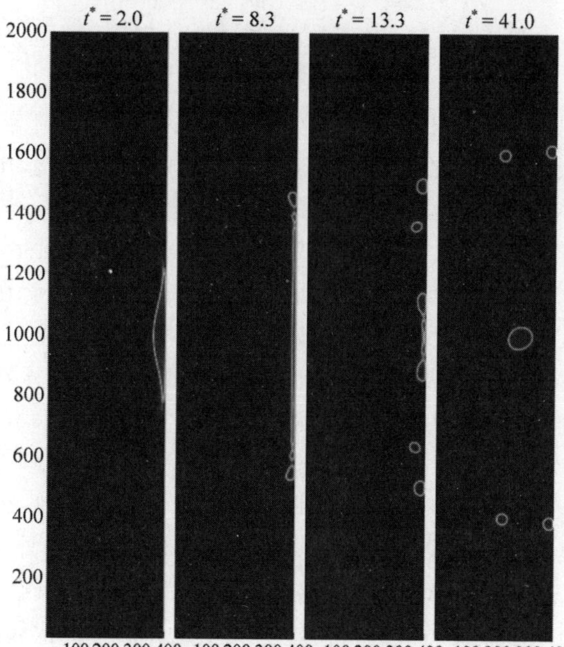

(g) 迅疾溅射, Re=22982, We=166, G_w=0.035

图 5.34 （续）

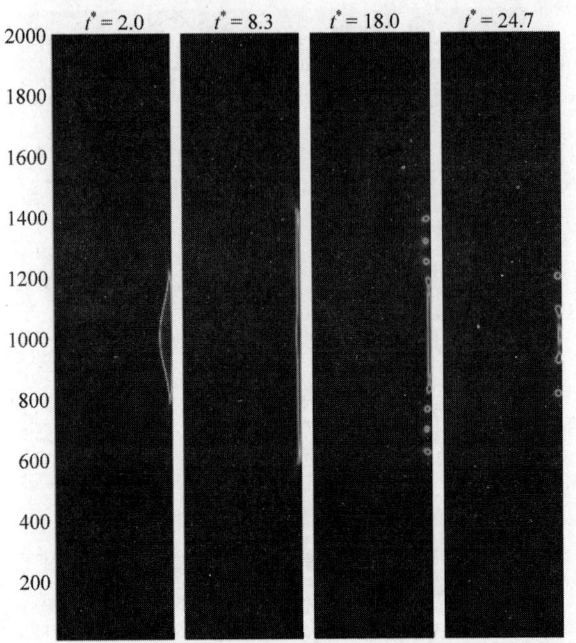

(h) 迅疾溅射, Re=11462, We=13573, G_w=0.035

图 5.34 (续)

在案例(d)中，当雷诺数和韦伯数都比较小且壁面处于亲水特性的时候($G_w=-0.05$)，液滴在撞击后随即在表面形成铺展形态并形成沉积状态，此时静态接触角也明显大于 90°。

案例(e)为高雷诺数、低韦伯数状态($Re=22982$，$We=166$，$G_w=0.01$)，壁面呈中性。此时液滴直接呈现大半径的壁面铺展状态，而在回退收缩过程中的时刻 $t^*=32.0$ 发生了回退破碎的情况。案例(f)在案例(e)基础上将壁面条件改为超疏水状态($G_w=0.08$)，可见此时液滴直接在壁面铺展的过程中由于较强的惯性力挤压及壁面的强反弹发生了沿两端的不断分离破碎，形成了迅疾溅射的情况，可见超疏水壁面对于液滴形态的影响非常直接。在案例(g)中 $G_w=0.035$，疏水性质没有案例(f)中的那么强，液滴在壁面向外铺展过程中逐渐发生次级液滴的分离并有一部分向外反弹。

在案例(h)中则展示了高雷诺数、高韦伯数下液滴在疏水表面($G_w=0.035$)的碰撞状态。此时液滴在向外扩展中也开始分离次级液滴，不过其次级液滴直径明显比案例(g)中的要小，且分离的数量更多，并在回退的过程中液层已经基本分离破碎，这与之前液滴碰撞和液滴溅射中观察到的规律一致。低表面张力会导致次级液滴更小也更容易分离，此处分离的部分小液滴同样出现了液滴碰撞中的汽化现象。

液滴碰壁后的溅射有迅疾溅射和皇冠状溅射两种，在目前光滑干燥壁面上的液滴碰壁模拟中并未发现皇冠状液滴溅射过程。目前在各类模拟方法中，如相场方法[120]、LBM[118,143-144]、Level-set[119]、VOF[121]、耦合VOF与Level-set[45]等都未在光滑干燥的壁面上复现出皇冠状溅射的界面演化机制。张帆等的实验指出皇冠状溅射形态会发生在湿壁面[15]，这类似于液滴在薄液层上的溅射。而Xu等的实验指出[145]，在光滑干燥的壁面上，是否产生皇冠状溅射形态与周围气体压力密切相关，较大的气体压力会完全抑制皇冠状溅射的发生。同时，大多数研究都认为表面粗糙度是促使液滴溅射发生的关键，较粗糙的表面可触发迅疾溅射但抑制皇冠状溅射。Hao等的实验[20]确认了轻微粗糙的表面会触发皇冠状溅射，但若减少粗糙度或增加粗糙度都会回到迅疾溅射的形态。因此在液滴碰壁的模拟中要产生皇冠状溅射需要在未来进一步考虑加入表面粗糙的边界条件。

5.4.4　池式沸腾

池式沸腾是一种广泛存在于工业领域和生活中的案例，其形式为液体在一个受热表面上被加热且随不同壁面过热度产生如图5.35所示的沸腾曲线，其中包括自然对流、成核沸腾起始点（onset of nucleate boiling，ONB）、成核沸腾、临界热流密度点（critical heat flux，CHF）、转捩沸腾、最小热流密度点（minimum heat flux，MHF）、膜态沸腾等过程。这里几个重要的特征点是ONB、CHF、MHF等，因为其位置会显著影响实际工业中的安全设计裕度，防止产生烧干融毁的现象。在实验研究中发现，ONB的位置会明显受到表面粗糙度、表面亲水性的影响，进而又会导致后续的CHF、MHF等产生滑移。因此若想提升壁面的传热特性，可以通过改变壁面条件使得沸腾曲线左移，就能在更低的壁面过热度下实现更高的热流传递[146]。此外，整个沸腾曲线和气泡特性还与壁面热流分布、重力、周围压力、黏性、表面张力等众多参数有关。

使用VOF、Level-set、Front-tracking等尖锐界面捕捉方法进行成核沸腾模拟时，由于其与热力学关系和状态方程等没有耦合联系，通常需要依据经验公式或者各类理论公式设置相变传输率，并在壁面的虚拟微液层中预置固定的三相接触线上设置激活温度来产生气泡相变生长[147-148]，因此这

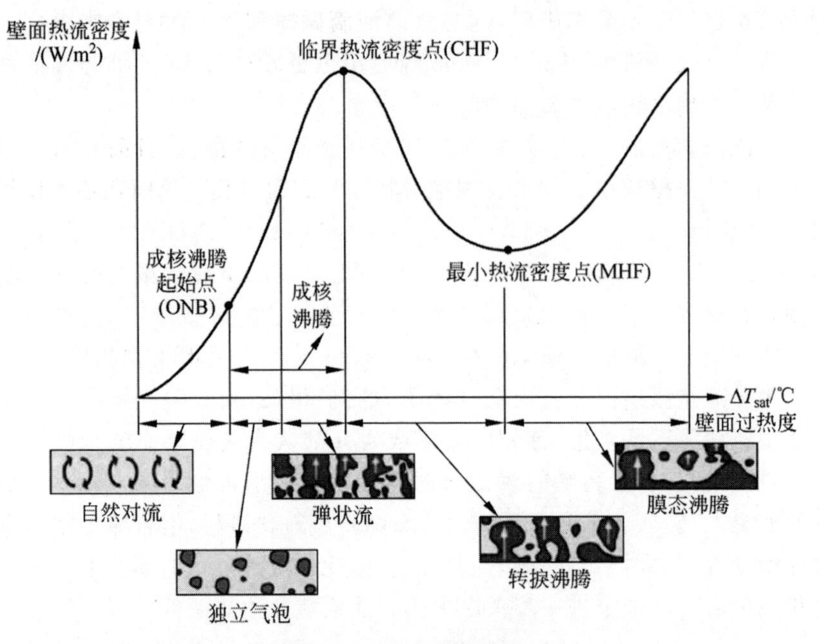

图 5.35 池式沸腾曲线

些方法不能很好地探寻成核沸腾的热力学关系、表面能关系、表面粗糙度影响等。而基于 LBM 的 SC 多相流模型类比分子间作用力形式，且在 NS 方程中耦合了状态方程和动(静)态接触角等特性，能够随温度造成热力学压强及相间作用力变化，进而自发地由表面受热液体产生成核气泡，因此能更好地探寻成核沸腾与表面粗糙度及亲水性的沸腾关系，并能成功复现从成核沸腾到膜态沸腾的沸腾曲线关系[6-7,63,149-150]。

本节将使用提出的解耦 MRT 计算沸腾过程，仅为确认其在沸腾传热方面仍然可用。由于篇幅有限，这里仅简单讨论在 LBM 模拟沸腾时其成核点与表面粗糙度及亲水性的关系。采用解耦 MRT 的框架计算速度场及多相模型，使用有限差分方法计算由内能公式推导出的包含相变界面可压缩效应的温度方程[60,151]：

$$\frac{\partial T}{\partial t}+\boldsymbol{u}\cdot\nabla T=\frac{1}{\rho c_V}\nabla\cdot(\lambda_c\nabla T)-\frac{T}{\rho c_V}\left(\frac{\partial p_{\mathrm{EOS}}}{\partial T}\right)_\rho\nabla\cdot\boldsymbol{u} \tag{5-44}$$

其中，c_V 为比定容热容；λ_c 表示热导率；此外令热扩散系数为 $\alpha=\lambda_c/\rho c_V$；表面接触角(黏附力)处理参照式(5-43)。

5.4.4.1　表面亲疏水性对气泡成核点的影响

前面提到，固壁表面亲疏水性表现为三相接触角的变化，外在地表征了接触线上的表面能关系，其对气泡生成的难易程度有着明显影响，这一点在近来的实验中得以确认[152-154]。为研究表面亲疏水性对成核点的影响，选择常壁面温度，表面亲疏水性区域相间分布进行沸腾模拟，如图 5.36 所示。在壁面采用条件式(5-43)对壁面亲疏水性进行间隔配置，通过调节 G_w 可以设置不同区域的亲疏水性质，宽度为 64 格子宽度。在 384×384 的计算域中进行计算，整个流场设置靠近壁面为饱和液体($y \leqslant 140$)，而远离加热壁面处为饱和气体($y > 140$)。流场的初始饱和温度为 $0.86T_c$，采用 PR 状态方程式(2-37)($a=2/49, b=1/7, R=1, \epsilon=1.7$)，此时初始液体密度约为 4.32，初始气体密度约为 0.24，$\nu=\zeta=0.1$，液汽比定容热容 $c_V=4$，热扩散系数 $\alpha=0.1$。在 x 方向为周期条件，下边界为固壁无滑移边界及固定温度边界($T_w=0.96T_c$)，上边界为饱和状态的常压常温出口边界。

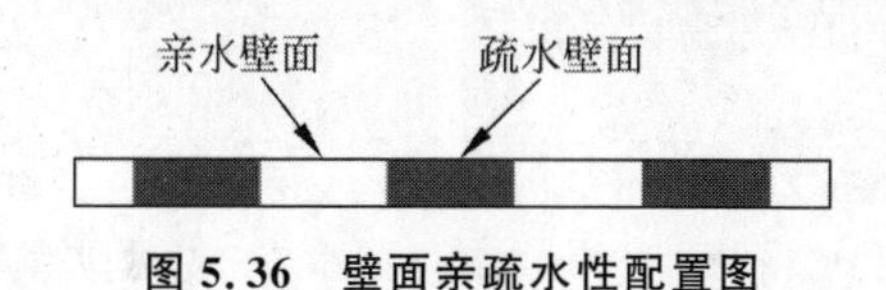

图 5.36　壁面亲疏水性配置图

此处重力采用 $\boldsymbol{F}_g=\rho\boldsymbol{g}, \boldsymbol{g}=(0, -1\times10^{-5})$，即沿 y 方向的重力场，不同重力条件会改变三相接触角。在此重力条件下放置一个静态液滴在固壁上可测得其对应的接触角，上述的亲水、疏水区域对应的接触角如图 5.37 所示，黑色区域表示液滴，亲水接触角为 77°，疏水接触角为 128°。

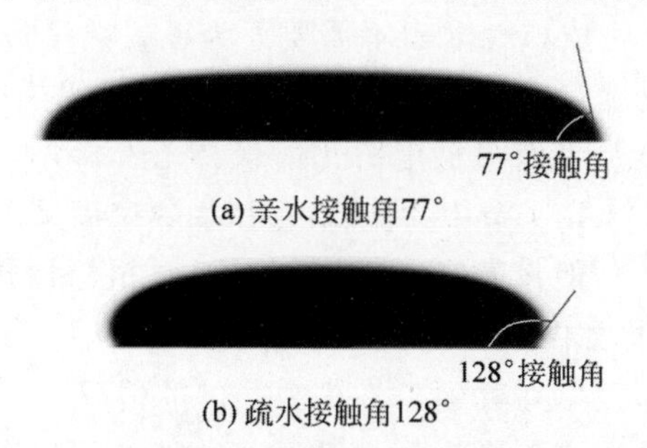

图 5.37　重力作用下的亲水和疏水区域对应接触角

在图 5.38 中黑色代表液体，白色代表气体，在其他所有条件都相似的情况下，气泡从加热表面疏水区域自发地由液体生成，即气泡成核点，这与之前的实验[155-156]以及LBM模拟[150,157]观察到的结果一致。在成核沸腾初始阶段,气泡的生长点仅集中在疏水区域,说明解耦MRT在模拟沸腾案例时,仍可以很好地研究不同接触角对于沸腾传热的影响。此外在时刻(Ⅳ)中液层上方出现了一个小液滴,这是中间气泡上升并穿越汽液界面后破碎造成的。

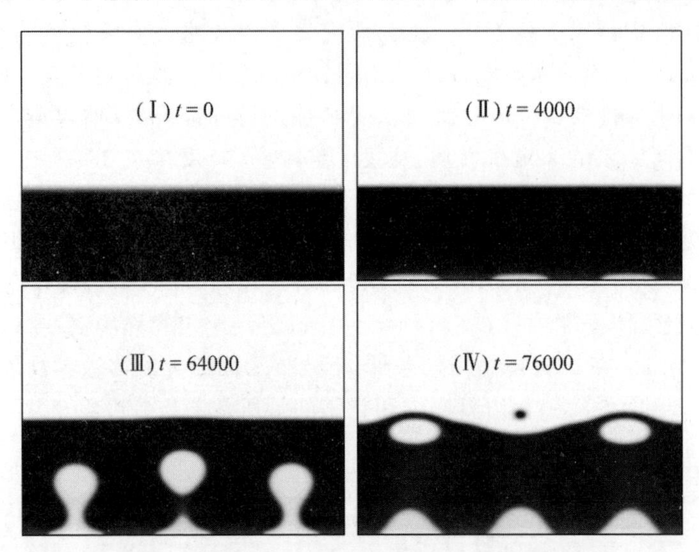

图5.38　液体在加热表面不同亲疏水区域成核沸腾

5.4.4.2　表面空洞对气泡成核点的影响

在实际的加热表面上存在着不同的粗糙度,大量的实验也观察到在成核沸腾中气泡首先从加热表面的凹陷处产生。基于LBM的方法由于可以直接从表面加热产生成核气泡而不需要人为设置热量传输指定成核点,故可以用于研究粗糙度对于成核沸腾的影响,此处仍采用解耦MRT计算该案例以保证其在涉及表面粗糙度时仍能保持LBM在此方面的研究优势。计算仍然采用如5.4.4.1节中的流场配置,加热壁面采用固定温度、均匀接触角条件(都为77°),但设置三个凹洞用于研究粗糙加热表面对气泡成核点的影响,壁面结构如图5.39红色区域所示。

观察图5.39可见,在其他条件都为均匀的情况下,气泡核化随着加热首先从壁面的凹洞处被自动激活,并形成逐次脱离的气泡列,这与众多实验中观察到的成核沸腾现象一致[146]。粗糙加热面上的凹洞是初始阶段产生气泡的成核点,由此随着壁面过热度的提升再形成气泡的合并变形、弹状流以及膜态沸腾等情况，可见采用解耦 MRT 仍能够研究加热表面粗糙度对于沸腾过程的影响。

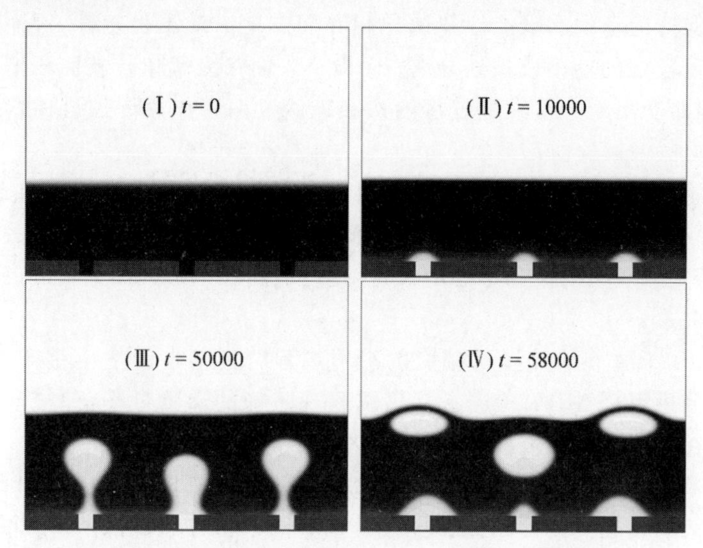

图 5.39　液体在加热表面凹洞处的成核沸腾(前附彩图)

5.5 本章小结

本章在前述关于 LBM 多相流不稳定性研究工作的基础上，提出了一种解耦且稳定化的 MRT 算法框架，且配合相间黏性过渡形式及松弛因子稳定化方案，该算法具有良好的数值精度和数值稳定性。通过各种数值标准案例验证了本章提出算法的数学正确性、作用力格式准确性、二阶精度、守恒性、无黏流动性，且消除了传统的 $O(u^3)$数值误差；该算法具备高速下的伽利略不变性，并能正确恢复表面张力，其单相流动的稳定性也在此得到了证明，甚至可以达到无黏性(无限雷诺数)模拟的状态。通过本章模拟的液滴对撞、液滴在薄液层溅射、液滴碰壁等数值案例，验证了这套算法可以稳定准确地模拟具有从低到高速度、雷诺数、韦伯数、汽液密度比的汽液多相流，并得到了除液滴碰壁皇冠状溅射外的所有演化形态，这对于目前的多相流界面模拟方法来说是一个很好的补充。

通过液滴对撞的模拟与文献实验相互对比，尽管存在二维和三维的区别，却仍取得了较好的流型结果统一。本章研究液滴对撞在不同雷诺数、韦伯数下的演化形态机理，其碰撞机制受到黏性、表面张力的影响较大，且对动能、黏性耗散、表面能三者之间的能量分配转换比例较为敏感。其中极低黏性会保持运动中的强惯性并诱导相界面产生流动不稳定性，进而促使次级液滴于较细的连接液颈处分离；而极小表面张力意味着新面积增加耗能更少，因而会不断产生大量较小的次级液滴。两者作用叠加会使得高参数下碰撞后的液膜完全破碎。

液滴在薄液层溅射与液滴碰壁过程也揭示了相似的规律。在液滴碰壁中，表面的亲疏水性(接触角)对于液滴的形态演化而言扮演着至关重要的角色，其是触发溅射破碎形态的关键，这与液滴在固液界面上扩展的表面能有较强关系。

由于 LBM 在研究涉及相变的沸腾过程时具备自动发生相变的优势，本章也使用解耦 MRT 验证了其仍可复现正确的沸腾过程，即气泡核化点更容易在疏水区域和表面凹洞处产生。

本章为清晰界定解耦 MRT 算法本身带来的模拟稳定性能的提升，并未采用第 3 章提到的如 A2 限制器函数等稳定化方案，若进一步采用这些限制器函数，将有望在模拟稳定性上有更大的提升。此外本章所提解耦 MRT 算法的改进是针对算法框架本身数值稳定性的提升，此算法同样可以直接适用于提升其他单相流或多相流的具体稳定性能，例如采用相场模型、自由能模型、电磁场作用等其他耦合热电模型。虽然本章推导给出的解耦 MRT-LBM 为二维条件下的，但由于 LBM 中的计算流程清晰简单，通过增加粒子方向以相同思路继续将该算法推广到三维情况并没有实质难度。

第6章 总结与展望

6.1 总　　结

本书基于现行的 MRT-LBM 算法框架，研究聚焦于汽液多相流计算中的数值稳定性问题，并提出相应的稳定化解决方案，最后在前期研究工作基础上本书提出了一种解耦且稳定化的 MRT 算法框架，明显提升了目前所能模拟的汽液多相流参数范围。相关总结如下：

(1) LBM 在计算多相流时，由于高密度比、高雷诺数、高韦伯数以及高速下会对相界面附近概率密度分布函数产生不适当的冲击，造成负分布函数产生，进而出现异常大的速度，形成数值不稳定。采用本书提出的限制器函数能够有效抑制这类不稳定性源，明显提升所能模拟的参数范围。

(2) SC 伪势多相流模型中由于采用实际状态方程，会导致液相受到较大冲击的密度波动而越过状态方程奇异点，通过限制这种奇异性可以防止流场的发散。而多相流模型中界面附近由于密度波动，使得根号形式的伪势不能正确恢复热力学压力，导致界面内的热力学压力计算错误，通过本书提出的改进作用力格式可以正确恢复伪势平方梯度的方向。

(3) 相间黏性的过渡应当遵循与相间力在空间梯度变化的一致性，这能有效地保证在各位置处使用适合的黏性应力。由于 LBM 的 SC 伪势多相流采用扩散相界面描述相界面变化，伴随着汽液两相之间的相互传质，其相界面内存在相对体积变化(即可压缩效应)，因而大体积黏性在此处有各向同性内摩擦作用，能有效抑制相间的不规则速度，进而稳定相界面附近的模拟。

(4) MRT 下的作用力格式和额外项在三阶项与四阶项上仍有着一定的影响，在使用这些额外项及作用力格式时需要辨别这些高阶余项对于汽相密度的影响。当其高阶效应促使平衡态汽相密度变得较小时，容易产生数值不稳定，通过第 4 章提出的两类方法可以抑制这种高阶项的影响。

(5) 本书提出了一种解耦且稳定化的 MRT 算法框架，将其用于多相流计算时,能够极大提高在高速、高汽液密度比、低黏性、低表面张力下的多相流模拟数值稳定性,这通常是目前其他各类方法(包括 LBM)在面对极端参数时所不能稳定求解的参数范围。而且此解耦稳定化的 MRT 算法具备二阶的数值精度,并消除了传统 LBM 中存在于二阶展开上的 $O(u^3)$数值余项,具备了高速的伽利略不变性,故而不存在必须低速的限制。

(6) 本书采用提出的解耦稳定化 MRT 算法模拟了液滴对撞、液滴溅射、液滴碰壁等从低参数到高参数的多相流过程,以及成核沸腾的过程,其中液滴对撞模拟结果与目前实验中界面演化结果做了对比验证。低黏性是导致此类液膜发展产生流动不稳定性的源头,液体表面的不稳定性又是触发次级液滴分离的重要诱因;而低表面张力使得新增表面积消耗的表面能减少,容易触发更大量的小尺寸次级液滴,进而导致整个拉伸液膜的完全破碎。表面的亲疏水性质对于触发液滴飞溅的形态比较关键,一方面是对液体的黏附力改变,另一方面也是固液界面表面能的变化使得液膜的界面演化产生不同响应。表面粗糙度和亲疏水性对于沸腾中的气泡核化点以及起始点都有着重要的影响。

6.2 创 新 点

本书对 LBM 中多相流模拟的数值稳定问题进行研究,并提出各类方案实现了对数值稳定性的明显提高,主要创新点如下:

(1) 针对 LBM 中多相流在高汽液密度比、高雷诺数、高韦伯数、高速下模拟经常出现的数值发散原因进行了研究,提出了几类有效的稳定化方案,相比于现行的 MRT 和其他 LBM 变体算法框架,数值稳定性有明显提升。

(2) 对 MRT 中作用力格式及额外项在四阶的效应进行了数学推导,解析了其在四阶项上对汽相密度的具体影响形式,并通过分析提出了两类可以抑制汽相密度随松弛因子变化的非物理现象的方法。

(3) 在本书前期研究基础上,提出了一种新的解耦且稳定化的 MRT 算法框架,将松弛因子与黏性解耦并实现稳定化。此算法具备良好的计算精度,消除了传统的二阶余项误差,并能够稳定适用于各种极端参数下多相流界面演化研究,相比于 LBM 及其他各类传统界面类多相流算法在模拟能力上有明显提升,为目前的汽液多相流前沿研究提供了一种稳定有效的计算工具。

6.3 展 望

本书目前研究了LBM中基于伪势模型的汽液多相流模拟的数值稳定性，仍有一些工作可以在此基础上将其变为一种具备更多优势的多相流界面类算法：

(1) 将目前的算法继续推广并与更多现有实际尺度下的三维实验结合验证，以适应从介观到宏观的多相流过程直接数值模拟，并可以有效的与目前已有的实验结果结合起来，探索大量跨尺度的多相流运动机理及宏观现象。

(2) 目前的解耦MRT在边界处理上可以通过简单退化为普通MRT边界格式进行，并不增加复杂度。之后可以具体研究专门适用于解耦MRT的边界格式，由于黏性可以单独引入，而一阶边界条件保证速度梯度，二阶边界条件保证黏性，此处有望实现在复杂曲面边界达到LBM二阶精度的边界格式。

(3) 由于解耦MRT仍然采用相邻节点计算，具备良好的局部性和天然并行性，且仍然具有计算简单快速的优点。通过借助最新的GPU并行加速手段，有望在目前计算资源下经济地直接模拟从介观微米级到宏观米级的大规模跨尺度多相流问题，并通过亿级以上的网格直接描述流体内部的微液滴或气泡相互作用及其产生的宏观影响，解决如工业中的堆芯沸腾、喷雾蒸发等传统方法需要模型化封闭的问题。

参考文献

[1] DIMMICK G R, CHATOORGOON V, KHARTABIL H F, et al. Natural-convection studies for advanced CANDU reactor concepts[J]. Nuclear Engineering and Design, 2002, 215(1): 27-38.

[2] 姜胜耀，张佑军，贾海军，等. 200MW 低温堆主换热器阻力特性实验研究[J]. 中国核科技报告，1997(S1): 64-65.

[3] 薄涵亮，马昌文，吴少融. 低温供热堆热循环方式分析[J]. 核动力工程，1997，18(5): 407-409.

[4] MARCEL C P, FURCI H F, DELMASTRO D F, et al. Phenomenology involved in self-pressurized, natural circulation, low thermo-dynamic quality, nuclear reactors: The thermal-hydraulics of the CAREM-25 reactor[J]. Nuclear Engineering and Design, 2013, 254: 218-227.

[5] YAN B H, WANG C, LI L G. The technology of micro heat pipe cooled reactor: A review[J]. Annals of nuclear energy, 2020, 135: 106948.

[6] MA X, CHENG P. 3D simulations of pool boiling above smooth horizontal heated surfaces by a phase-change lattice Boltzmann method[J]. International Journal of Heat and Mass Transfer, 2019, 131: 1095-1108.

[7] GONG S, CHENG P. Direct numerical simulations of pool boiling curves including heater's thermal responses and the effect of vapor phase's thermal conductivity[J]. International Communications in Heat and Mass Transfer, 2017, 87: 61-71.

[8] LI Q, LUO K H. Thermodynamic consistency of the pseudopotential lattice Boltzmann model for simulating liquid-vapor flows [J]. Applied Thermal Engineering, 2014, 72(1): 56-61.

[9] BAKER O. Design of pipelines for the simultaneous flow of oil and gas[Z]. Dallas: Society of Petroleum Engineers, 1953.

[10] MANDHANE J M, GREGORY G A, AZIZ K. A flow pattern map for gas-liquid flow in horizontal pipes[J]. International Journal of Multiphase Flow, 1974, 1(4): 537-553.

[11] WEISMAN J, DUNCAN D, GIBSON J, et al. Effects of fluid properties and pipe diameter on two-phase flow patterns in horizontal lines[J]. International Journal of Multiphase Flow, 1979, 5(6): 437-462.

[12] TAITEL Y, DUKLER A E. A model for predicting flow regime transitions in horizontal and near horizontal gas-liquid flow[J]. AIChE journal, 1976, 22(1): 47-55.

[13] SPEDDING P L, NGUYEN V T. Regime maps for air water two phase flow[J]. Chemical Engineering Science, 1980, 35(4): 779-793.

[14] HASSAN Y A. Multi-scale full-field measurements and near-wall modeling of turbulent subcooled boiling flow using innovative experimental techniques[J]. Nuclear Engineering and Design,2016,299: 46-58.

[15] 张帆,李建新,刘潜峰,等. 液滴撞击湿壁面实验研究[J]. 原子能科学技术,2018,52(9): 1582-1589.

[16] PAN K L, CHOU P C, TSENG Y J. Binary droplet collision at high Weber number[J]. Physical Review E,2009,80(3): 036301.

[17] RIOBOO R,TROPEA C,MARENGO M. Outcomes from a drop impact on solid surfaces[J]. ATOMIZATION AND SPRAYS,2001,11(2): 155-165.

[18] 张帆,陈凤,薄涵亮. 不同亲疏水表面液滴动力学行为实验研究[J]. 原子能科学技术,2015,49(S1): 288-293.

[19] QIAN J,LAW C K. Regimes of coalescence and separation in droplet collision [J]. Journal of Fluid Mechanics,1997,331: 59-80.

[20] HAO J. Effect of surface roughness on droplet splashing[J]. Physics of Fluids,2017,29(12): 122105.

[21] TU J,YEOH G,LIU C. Computational fluid dynamics (Third edition)[M]. Oxford: Butterworth-Heinemann,2018.

[22] MICHAELIDES E E, CROWE C T, SCHWARZKOPF J D. Multiphase flow handbook[M]. Boca Raton: CRC Press,2017.

[23] KOLEV N I. Multiphase flow dynamics 1[M]. Berlin: Springer,2015.

[24] 薄涵亮. 离散液滴运动模型研究[J]. 原子能科学技术,2019,53(10): 1951-1960.

[25] SOMMERFELD M,PASTERNAK L. Advances in modelling of binary droplet collision outcomes in sprays: A review of available knowledge[J]. International Journal of Multiphase Flow,2019,117: 182-205.

[26] YEOH G H,TU J Y. Two-fluid and population balance models for subcooled boiling flow[J]. Applied mathematical modelling,2006,30(11): 1370-1391.

[27] MIRJALILI S,JAIN S S,DODD M. Interface-capturing methods for two-phase flows: An overview and recent developments[J]. Center for Turbulence Research Annual Research Briefs,2017,2017(117-135): 13.

[28] SUCCI S. The lattice Boltzmann equation: For fluid dynamics and beyond[M]. Oxford: Clarendon Press,2001.

[29] QIAN Y H,DHUMIERES D,LALLEMAND P. Lattice BGK models for Navier-Stokes equation[J]. Europhysics Letters,1992,17(6BIS): 479-484.

[30] FRISCH U, HASSLACHER B, POMEAU Y. Lattice-gas automata for the Navier-Stokes equation[J]. Physical Review Letters,1986,56: 14.

[31] HARDY J, POMEAU Y, PAZZIS O D. Time evolution of a two-dimensional classical lattice systems[J]. Physical Review Letters,1973,31: 5.

[32] BHATNAGAR P L,GROSS E P,KROOK M. A model for collision processes in

gases. Ⅰ. Small amplitude processes in charged and neutral one-component systems[J]. Physical Review,1954,94: 511-525.

[33] KRUGER T,KUSUMAATMAJA H,KUZMIN A,et al. The lattice Boltzmann method: Principles and practice[M]. Switzerland: Springer,2017.

[34] GINGOLD R A,MONAGHAN J J. Smoothed particle hydrodynamics: Theory and application to non-spherical stars [J]. Monthly Notices of the Royal Astronomical Society,1977,181(3): 375-389.

[35] LUCY L B. A numerical approach to the testing of the fission hypothesis[J]. The Astronomical Journal,1977,82: 1013.

[36] HARLOW F H,WELCH J E. Numerical calculation of time-dependent viscous incompressible flow of fluid with free surface[J]. The Physics of Fluids (1958), 1965,8(12): 2182-2189.

[37] MCKEEA S,TOMÉB M F,FERREIRAB V G,et al. The MAC method[J]. Computers & Fluids,2008,37(8): 907-930.

[38] TRYGGVASON G, SCARDOVELLI R, ZALESKI S. Direct numerical simulations of gas-liquid multiphase flows [M]. Cambridge: Cambridge University Press,2011.

[39] HIRT C W,NICHOLS B D. Volume of fluid (VOF) method for the dynamics of free boundaries[J]. Journal of Computational Physics,1981,39(1): 201-225.

[40] OSHER S,FEDKIW R P. Level set methods: An overview and some recent results[J]. Journal of Computational Physics,2001,169(2): 463-502.

[41] ANDERSON D M, MCFADDEN G B, WHEELER A A. Diffuse-interface methods in fluid mechanics[J]. Annual Review of Fluid Mechanics,1998,30(1): 139-165.

[42] YABE T,XIAO F,UTSUMI T. The Constrained interpolation profile method for multiphase analysis[J]. Journal of computational physics,2001,169(2): 556-593.

[43] OLSSON E,KREISS G. A conservative level set method for two phase flow[J]. Journal of Computational Physics,2005,210(1): 225-246.

[44] OLSSON E,KREISS G,ZAHEDI S. A conservative level set method for two phase flow Ⅱ[J]. Journal of Computational Physics,2007,225(1): 785-807.

[45] YOKOI K. Numerical studies of droplet splashing on a dry surface: Triggering a splash with the dynamic contact angle[J]. Soft Matter,2011,7(11): 5120.

[46] KUZMIN A,GINZBURG I,MOHAMAD A A. The role of the kinetic parameter in the stability of two-relaxation-time advection-diffusion lattice Boltzmann schemes[J]. Computers & Mathematics with Applications, 2011, 61 (12): 3417-3442.

[47] GINZBURG I,D HUMIÈRES D,KUZMIN A. Optimal stability of advection-diffusion lattice Boltzmann models with two relaxation times for positive/negative

equilibrium[J]. Journal of Statistical Physics, 2010, 139(6): 1090-1143.

[48] D'HUMIÈRES D. Multiple-relaxation-time lattice Boltzmann models in three dimensions[J]. Philosophical Transactions of the Royal Society A: Mathematical, Physical and Engineering Sciences, 2002, 360(1792): 437-451.

[49] D'HUMIÈRES D. Generalized lattice-Boltzmann equations[J]. Rarefied gas dynamics, 1992.

[50] LALLEMAND P, LUO L. Theory of the lattice Boltzmann method: Dispersion, dissipation, isotropy, Galilean invariance, and stability[J]. Physical Review E, 2000, 61: 6546.

[51] MAZLOOMI A M, CHIKATAMARLA S S, KARLIN I V. Entropic lattice Boltzmann method for multiphase flows[J]. Physical Review Letters, 2015, 114: 174502.

[52] KARLIN I V, FERRANTE A, ÖTTINGER H C. Perfect entropy functions of the lattice Boltzmann method[J]. Europhysics Letters, 1999, 47(2): 182-188.

[53] FEI L, LUO K H, LI Q. Three-dimensional cascaded lattice Boltzmann method: Improved implementation and consistent forcing scheme[J]. Physical Review E, 2018, 97(5-1): 053309.

[54] LYCETT-BROWN D, LUO K H. Cascaded lattice Boltzmann method with improved forcing scheme for large-density-ratio multiphase flow at high Reynolds and Weber numbers[J]. Physical Review E, 2016, 94(5): 053313.

[55] GEIER M, GREINER A, KORVINK J G. Cascaded digital lattice Boltzmann automata for high Reynolds number flow[J]. Physical Review E, 2006, 73(6): 066705.

[56] SITOMPUL Y P, AOKI T. A filtered cumulant lattice Boltzmann method for violent two-phase flows[J]. Journal of Computational Physics, 2019, 390: 93-120.

[57] GEIER M, SCHÖNHERR M, PASQUALI A, et al. The cumulant lattice Boltzmann equation in three dimensions: Theory and validation[J]. Computers & Mathematics with Applications, 2015, 70(4): 507-547.

[58] WANG Y, SHU C, YANG L M. An improved multiphase lattice Boltzmann flux solver for three-dimensional flows with large density ratio and high Reynolds number[J]. Journal of Computational Physics, 2015, 302: 41-58.

[59] WANG Y, SHU C, HUANG H B, et al. Multiphase lattice Boltzmann flux solver for incompressible multiphase flows with large density ratio[J]. Journal of Computational Physics, 2015, 280: 404-423.

[60] LI Q, ZHOU P, YAN H J. Improved thermal lattice Boltzmann model for simulation of liquid-vapor phase change[J]. Physical Review E, 2017, 96(6): 063303.

[61] LI Q, LUO K H, KANG Q J, et al. Lattice Boltzmann methods for multiphase flow and phase-change heat transfer[J]. Progress in Energy And Combustion

Science,2016,52：62-105.

[62] 孟辉,张兴伟,牛小东,等. 格子 Boltzmann 方法分析气泡的运动及其相互作用[J]. 应用力学学报,2014(04)：518-524.

[63] MU Y,CHEN L,HE Y,et al. Nucleate boiling performance evaluation of cavities at mesoscale level[J]. International Journal of Heat and Mass Transfer,2017,106：708-719.

[64] FANG W,CHEN L,KANG Q,et al. Lattice Boltzmann modeling of pool boiling with large liquid-gas density ratio[J]. International Journal of Thermal Sciences,2017,114：172-183.

[65] SUN T,GUI N,YANG X,et al. Effect of contact angle on flow boiling in vertical ducts：A pseudo-potential MRT-thermal LB coupled study[J]. International Journal of Heat and Mass Transfer,2018,121：1229-1233.

[66] INAMURO T,TAJIMA S,OGINO F. Lattice Boltzmann simulation of droplet collision dynamics[J]. International Journal of Heat and Mass Transfer,2004,47(21)：4649-4657.

[67] ZHAO W,ZHANG Y,XU B. An improved pseudopotential multi-relaxation-time lattice Boltzmann model for binary droplet collision with large density ratio[J]. Fluid dynamics research,2019,51(2)：25510.

[68] AO X,WEI S,TIANSHOU Z. Lattice Boltzmann modeling of transport phenomena in fuel cells and flow batteries[J]. Acta Mechanica Sinica,2017,33(3)：555-574.

[69] 何雅玲,王勇,李庆. 格子 Boltzmann 方法的理论及应用[M]. 北京：科学出版社,2009.

[70] AOKUI X. Intrinsic instability of the lattice BGK model[J]. Acta Mechanica Sinica,2002,18(6)：603-607.

[71] POVITSKY A. High-incidence 3-D lid-driven cavity flow[C]//15th AIAA Computational Fluid Dynamics Conference. [S. l.：s. n.],2001：2847.

[72] PREMNATH K N,ABRAHAM J. Three-dimensional multi-relaxation time (MRT) lattice-Boltzmann models for multiphase flow[J]. Journal of Computational Physics,2007,224(2)：539-559.

[73] LI Q,LUO K H,LI X J. Lattice Boltzmann modeling of multiphase flows at large density ratio with an improved pseudopotential model[J]. Physical Review E,2013,87(5)：053301.

[74] FAKHARI A,BOLSTER D,LUO L. A weighted multiple-relaxation-time lattice Boltzmann method for multiphase flows and its application to partial coalescence cascades[J]. Journal of Computational Physics,2017,341：22-43.

[75] HUANG R,WU H. Third-order analysis of pseudopotential lattice Boltzmann model for multiphase flow[J]. Journal of Computational Physics,2016,327：

121-139.

[76] 郭照立，郑楚光. 格子 Boltzmann 方法的原理及应用[M]. 北京：科学出版社，2009.

[77] MCCRACKEN M E, ABRAHAM J. Multiple-relaxation-time lattice-Boltzmann model for multiphase flow[J]. Physical Review E, 2005, 71(3)：036701.

[78] MAZLOOMI A M, CHIKATAMARLA S S, KARLIN I V. Simulation of binary droplet collisions with the entropic lattice Boltzmann method[J]. Physics of Fluids, 2016, 28(2)：22106.

[79] MONTESSORI A, PRESTININZI P, LA ROCCA M, et al. Entropic lattice pseudo-potentials for multiphase flow simulations at high Weber and Reynolds numbers[J]. Physics of Fluids, 2017, 29(9)：92103.

[80] BROWNLEE R A, LEVESLEY J, PACKWOOD D, et al. Add-ons for lattice Boltzmann methods：Regularization, filtering and limiters[J]. Progress in Computational Physicas, 2013, 3(Chapter 2)：31-52.

[81] BROWNLEE R A, GORBAN A N, LEVESLEY J. Stability and stabilization of the lattice Boltzmann method[J]. Physical Review E, 2007, 75(3)：036711.

[82] FEI L, DU J, LUO K H, et al. Modeling realistic multiphase flows using a non-orthogonal multiple-relaxation-time lattice Boltzmann method[J]. Physics of Fluids, 2019, 31(4)：42105.

[83] CHEN Z, SHU C, TAN D, et al. Simplified multiphase lattice Boltzmann method for simulating multiphase flows with large density ratios and complex interfaces [J]. Physical Review E, 2018, 98(6)：063314.

[84] GUNSTENSEN A K, ROTHMAN D H, ZALESKI S, et al. Lattice Boltzmann model of immiscible fluids[J]. Physical Review A, 1991, 43：4320-4327.

[85] SWIFT M R, OSBORN W R, YEOMANS J M. Lattice Boltzmann simulation of nonideal fluids[J]. Physical Review Letters, 1995, 75：5.

[86] SHAN X, CHEN H. Simulation of nonideal gases and liquid-gas phase transitions by the lattice Boltzmann equation[J]. Physical Review E, 1994, 49：2941-2948.

[87] SHAN X, CHEN H. Lattice Boltzmann model for simulating flows with multiple phases and components[J]. Physical Review E, 1993, 47(3)：1815-1819.

[88] HE X Y, CHEN S Y, ZHANG R Y. A lattice Boltzmann scheme for incompressible multiphase flow and its application in simulation of Rayleigh-Taylor instability[J]. Journal of Computational Physics, 1999, 152(2)：642-663.

[89] HUANG H, HUANG J, LU X, et al. On simulations of high-density ratio flows using color-gradient multiphase lattice Boltzmann models[J]. International Journal of Modern Physics C, 2013, 24(04)：1350021.

[90] BA Y, LIU H, LI Q, et al. Multiple-relaxation-time color-gradient lattice Boltzmann model for simulating two-phase flows with high density ratio[J].

Physical Review E, 2016, 94(2): 023310.

[91] LIU H, BA Y, WU L, et al. A hybrid lattice Boltzmann and finite difference method for droplet dynamics with insoluble surfactants[J]. Journal of Fluid Mechanics, 2018, 837: 381-412.

[92] INAMURO T, KONISHI N, OGINO F. A Galilean invariant model of the lattice Boltzmann method for multiphase fluid flows using free-energy approach[J]. Computer physics communications, 2000, 129(1): 32-45.

[93] SBRAGAGLIA M, SHAN X. Consistent pseudopotential interactions in lattice Boltzmann models[J]. Physical Review E, 2011, 84(3): 036703.

[94] SBRAGAGLIA M, CHEN H, SHAN X, et al. Continuum free-energy formulation for a class of lattice Boltzmann multiphase models[J]. EPL, 2009, 86(2): 24005.

[95] YUAN P, SCHAEFER L. Equations of state in a lattice Boltzmann model[J]. Physics of Fluids, 2006, 18(4): 42101.

[96] HE X, DOOLEN G D. Thermodynamic foundations of kinetic theory and lattice Boltzmann models for multiphase flows[J]. Journal of Statistical Physics, 2002, 107(1): 309-328.

[97] KUPERSHTOKH A L, MEDVEDEV D A, KARPOV D I. On equations of state in a lattice Boltzmann method[J]. Computers and Mathematics with Applications, 2009, 58(5): 965-974.

[98] GONG S, CHENG P. Numerical investigation of droplet motion and coalescence by an improved lattice Boltzmann model for phase transitions and multiphase flows[J]. Computers & Fluids, 2012, 53: 93-104.

[99] WAGNER A J, POOLEY C M. Interface width and bulk stability: Requirements for the simulation of deeply quenched liquid-gas systems[J]. Physical Review E, 2007, 76(4): 045702.

[100] HU A, LI L, CHEN S, et al. On equations of state in pseudo-potential multiphase lattice Boltzmann model with large density ratio[J]. International Journal of Heat and Mass Transfer, 2013, 67: 159-163.

[101] LIU X, CHENG P, QUAN X. Lattice Boltzmann simulations for self-propelled jumping of droplets after coalescence on a superhydrophobic surface[J]. International Journal of Heat and Mass Transfer, 2014, 73: 195-200.

[102] SHAN X. Pressure tensor calculation in a class of nonideal gas lattice Boltzmann models[J]. Physical Review E, 2008, 77(6): 066702.

[103] SBRAGAGLIA M, BENZI R, BIFERALE L, et al. Generalized lattice Boltzmann method with multirange pseudopotential[J]. Physical Review E, 2007, 75(2): 026702.

[104] FALCUCCI G, BELLA G, SHIATTI G, et al. Lattice Boltzmann models with mid-range interactions[J]. Communications in computational physics, 2007,

2(6)：1071-1084.

[105] KUPERSHTOKH A L, MEDVEDEV D A. Lattice Boltzmann equation method in electrohydrodynamic problems[J]. Journal of Electrostatics, 2006, 64(7-9): 581-585.

[106] GUO Z, ZHENG C, SHI B. Discrete lattice effects on the forcing term in the lattice Boltzmann method[J]. Physical Review E, 2002, 65(4): 046308.

[107] GUO Z, ZHENG C. Analysis of lattice Boltzmann equation for microscale gas flows: Relaxation times, boundary conditions and the Knudsen layer[J]. International Journal of Computational Fluid Dynamics, 2008, 22(7): 465-473.

[108] HUANG H, KRAFCZYK M, LU X. Forcing term in single-phase and Shan-Chen-type multiphase lattice Boltzmann models[J]. Physical Review E, 2011, 84(4): 046710.

[109] LI Q, LUO K H, LI X J. Forcing scheme in pseudopotential lattice Boltzmann model for multiphase flows[J]. Physical Review E, 2012, 86(1): 016709.

[110] LYCETT-BROWN D, LUO K H. Improved forcing scheme in pseudopotential lattice Boltzmann methods for multiphase flow at arbitrarily high density ratios[J]. Physical Review E, 2015, 91(2): 023305.

[111] 王瑜，刘志成. 微通道内单相及气液两相流动换热数值模拟研究进展综述[J]. 压力容器，2019，36(12)：49-58，64.

[112] LIU M, BOTHE D. Numerical study of head-on droplet collisions at high Weber numbers[J]. Journal of Fluid Mechanics, 2016, 789: 785-805.

[113] AMANI A, BALCÁZAR N, GUTIÉRREZ E, et al. Numerical study of binary droplets collision in the main collision regimes[J]. Chemical Engineering Journal, 2019, 370: 477-498.

[114] KUAN C, PAN K, SHYY W. Study on high-Weber-number droplet collision by a parallel, adaptive interface-tracking method[J]. Journal of Fluid Mechanics, 2014, 759: 104-133.

[115] PAN Y, SUGA K. Numerical simulation of binary liquid droplet collision[J]. Physics of Fluids, 2005, 17(8): 82105.

[116] MONACO E, BRENNER G, LUO K H. Numerical simulation of the collision of two microdroplets with a pseudopotential multiple-relaxation-time lattice Boltzmann model[J]. Microfluidics and Nanofluidics, 2014, 16(1): 329-346.

[117] CONG H, QIAN L, WANG Y, et al. Numerical simulation of the collision behaviors of binary unequal-sized droplets at high Weber number[J]. Physics of Fluids, 2020, 32(10): 103307.

[118] XIONG W, CHENG P. 3D lattice Boltzmann simulation for a saturated liquid droplet at low Ohnesorge numbers impact and breakup on a solid surface surrounded by a saturated vapor[J]. Computers & Fluids, 2018, 168: 130-143.

[119] CAVIEZEL D, NARAYANAN C, LAKEHAL D. Adherence and bouncing of liquid droplets impacting on dry surfaces[J]. Microfluidics and Nanofluidics, 2008,5(4): 469-478.

[120] ZHANG Q, QIAN T, WANG X. Phase field simulation of a droplet impacting a solid surface[J]. Physics of Fluids, 2016, 28(2): 22103.

[121] FENG J Q. A Computational study of high-speed microdroplet impact onto a smooth solid surface[J]. Journal of Applied Fluid Mechanics, 2017, 10(1): 243-256.

[122] CHAI Z, SHI B, GUO Z. A multiple-relaxation-time lattice Boltzmann model for general nonlinear anisotropic convection-diffusion equations[J]. Journal of Scientific Computing, 2016, 69(1): 355-390.

[123] ZHENG L, SHI B, GUO Z. Multiple-relaxation-time model for the correct thermohydrodynamic equations[J]. Physical Review E, 2008, 78(2): 026705.

[124] KRÜGER T, VARNIK F, RAABE D. Second-order convergence of the deviatoric stress tensor in the standard Bhatnagar-Gross-Krook lattice Boltzmann method[J]. Physical Review E, 2010, 82(2): 025701.

[125] LI Q, LUO K H. Achieving tunable surface tension in the pseudopotential lattice Boltzmann modeling of multiphase flows[J]. Physical Review E, 2013, 88(5): 053307.

[126] TRAN N, LEE M, HONG S. Performance optimization of 3D lattice Boltzmann flow solver on a GPU[J]. Scientific Programming, 2017, 2017: 1-16.

[127] KHAJEPOR S, WEN J, CHEN B. Multipseudopotential interaction: A solution for thermodynamic inconsistency in pseudopotential lattice Boltzmann models[J]. Physical Review E, 2015, 91(2): 023301.

[128] 陶文铨,何雅玲.跨尺度和可压缩交变流动与换热中的科学问题及其现代数值模拟方法研究[Z].北京:[出版者不详],2004.

[129] YU Z, FAN L. Multirelaxation-time interaction-potential-based lattice Boltzmann model for two-phase flow[J]. Physical Review E, 2010, 82(4): 046708.

[130] WU Y, GUI N, YANG X, et al. Improved stability strategies for pseudo-potential models of lattice Boltzmann simulation of multiphase flow[J]. International Journal of Heat and Mass Transfer, 2018, 125: 66-81.

[131] PURVIS R, SMITH F T. Droplet impact on water layers: Post-impact analysis and computations[J]. Philosophical Transactions of the Royal Society A: Mathematical, Physical and Engineering Sciences, 2005, 363(1830): 1209-1221.

[132] YARIN A L. Drop impact dynamics: Splashing, spreading, receding, bouncing[J]. Annual Review of Fluid Mechanics, 2006, 38(1): 159-192.

[133] JOSSERAND C, ZALESKI S. Droplet splashing on a thin liquid film[J]. Physics of Fluids, 2003, 15(6): 1650.

[134] KRÜGER T, VARNIK F, RAABE D. Shear stress in lattice Boltzmann simulations[J]. Physical Review E, 2009, 79: 046704.

[135] MEI R, LUO L, LALLEMAND P, et al. Consistent initial conditions for lattice Boltzmann simulations[J]. Computers & Fluids, 2006, 35(8-9): 855-862.

[136] GUO Z, ZHENG C, SHI B. Non-equilibrium extrapolation method for velocity and pressure boundary conditions in the lattice Boltzmann method[J]. Chinese Physics, 2002, 11(4): 366-374.

[137] ROISMAN I V, HORVAT K, TROPEA C. Spray impact: Rim transverse instability initiating fingering and splash, and description of a secondary spray [J]. Physics of Fluids, 2006, 18(10): 102104.

[138] DHIMAN R, CHANDRA S. Rupture of radially spreading liquid films[J]. Physics of Fluids, 2008, 20(9): 92104.

[139] MEHDIZADEH N Z, CHANDRA S, MOSTAGHIMI J. Formation of fingers around the edges of a drop hitting a metal plate with high velocity[J]. Journal of Fluid Mechanics, 1999, 510: 353-373.

[140] FLEISCHMANN N, ADAMI S, ADAMS N A. Numerical symmetry-preserving techniques for low-dissipation shock-capturing schemes [J]. Computers & Fluids, 2019, 189: 94-107.

[141] NOSONOVSKY M, BHUSHAN B. Multiscale dissipative mechanisms and hierarchical surfaces[M]. Berlin: Springer, 2008.

[142] LI Q, LUO K H, KANG Q J, et al. Contact angles in the pseudopotential lattice Boltzmann modeling of wetting[J]. Physical Review E, 2014, 90(5-1): 053301.

[143] DALGAMONI H N, YONG X. Axisymmetric lattice Boltzmann simulation of droplet impact on solid surfaces[J]. Physical Review E, 2018, 98(1): 013102.

[144] MAZLOOMI A M, CHIKATAMARLA S S, KARLIN I V. Drops bouncing off macro-textured superhydrophobic surfaces [J]. Journal of Fluid Mechanics, 2017, 824: 866-885.

[145] XU L, ZHANG W W, NAGEL S R. Drop splashing on a dry smooth surface[J]. Physical Review Letters, 2005, 94(18): 184505.

[146] KOIZUMI Y, SHOJI M, MONDE M, et al. Boiling: Research and advances [M]. [S. l.]: Elsevier, 2017.

[147] SATO Y, NICENO B. Nucleate pool boiling simulations using the interface tracking method: Boiling regime from discrete bubble to vapor mushroom region [J]. International Journal of Heat and Mass Transfer, 2017, 105: 505-524.

[148] KUNUGI T. Brief review of latest direct numerical simulation on pool and film boiling[J]. Nuclear Engineering and Technology, 2012, 44(8): 847-854.

[149] XU Z G, QIN J, MA X F. Experimental and numerical investigation on bubble behaviors and pool boiling heat transfer of semi-modified copper square pillar

arrays[J]. International Journal of Thermal Sciences,2021,160: 106680.

[150] LI Q, YU Y, WEN Z X. How does boiling occur in lattice Boltzmann simulations? [J]. Physics of Fluids,2020,32(9): 93306.

[151] LI Q,KANG Q J, FRANCOIS M M, et al. Lattice Boltzmann modeling of boiling heat transfer: The boiling curve and the effects of wettability[J]. International Journal of Heat and Mass Transfer,2015,85: 787-796.

[152] JO H,KIM S,PARK H S,et al. Critical heat flux and nucleate boiling on several heterogeneous wetting surfaces: Controlled hydrophobic patterns on a hydrophilic substrate[J]. International Journal of Multiphase Flow, 2014, 62: 101-109.

[153] DAI X, HUANG X, YANG F, et al. Enhanced nucleate boiling on horizontal hydrophobic-hydrophilic carbon nanotube coatings[J]. Applied Physics Letters, 2013,102(16): 161605.

[154] BETZ A R, XU J, QIU H, et al. Do surfaces with mixed hydrophilic and hydrophobic areas enhance pool boiling? [J]. Applied Physics Letters, 2010, 97(14): 141909.

[155] BOURDON B,DI MARCO P,RIOBOO R,et al. Enhancing the onset of pool boiling by wettability modification on nanometrically smooth surfaces[J]. International Communications in Heat and Mass Transfer,2013,45: 11-15.

[156] BOURDON B,RIOBOO R,MARENGO M,et al. Influence of the wettability on the boiling onset[J]. Langmuir,2011,28(2): 1618-1624.

[157] GONG S,CHENG P. Numerical simulation of pool boiling heat transfer on smooth surfaces with mixed wettability by lattice Boltzmann method[J]. International Journal of Heat and Mass Transfer,2015,80: 206-216.

在学期间完成的相关学术成果

学术论文：

[1] **Yongyong Wu**, Nan Gui, Xingtuan Yang, Jiyuan Tu, Shengyao Jiang. A decoupled and stabilized lattice Boltzmann method for multiphase flow with large density ratio at high Reynolds and Weber numbers[J]. Journal of Computational Physics. 426, 2021, 109933. (SCI 收录，WOS：000608142000003，影响因子：2.985)

[2] **Yongyong Wu**, Cheng Ren, Xingtuan Yang, Jiyuan Tu, Shengyao Jiang. Repeatable Experimental Measurements of Effective Thermal Diffusivity and Conductivity of Pebble Bed under Vacuum and Helium Atmosphere[J]. International Journal of Heat and Mass Transfer. 141, 2019, 204-216. (SCI 收录，WOS：000480665000018，影响因子：4.947)

[3] **Yongyong Wu**, Nan Gui, Xingtuan Yang, Jiyuan Tu, Shengyao Jiang. Fourth-order analysis of Force terms in multiphase pseudopotential lattice Boltzmann model[J]. Computers and Mathematics with Applications. 76(7,1), 2018, 1699-1712. (SCI 收录，WOS：000446151800012，影响因子：3.37)

[4] **Yongyong Wu**, Cheng Ren, Rui Li, Xingtuan Yang, Jiyuan Tu, Shengyao Jiang. Measurement on effective thermal diffusivity and conductivity of pebble bed under vacuum condition in High Temperature Gas-cooled Reactor [J]. Progress in Nuclear Energy. 106, 2018, 195-203. (SCI 收录，WOS：000442314600019，影响因子：1.508)

[5] **Yongyong Wu**, Nan Gui, Xingtuan Yang, Jiyuan Tu, Shengyao Jiang. Improved stability strategies for pseudo-potential models of lattice Boltzmann simulation of multiphase flow[J]. International Journal of Heat and Mass Transfer. 125, 2018, 66-81. (SCI 收录，WOS：000440118600006，影响因子：4.947)

[6] **Yongyong Wu**, Cheng Ren, Rui Li, Xingtuan Yang, Jiyuan Tu, Shengyao Jiang. Method and Validation for Measurement of Effective Thermal Diffusivity and Conductivity of Pebble Bed in High Temperature Gas-cooled Reactors[J]. Journal of Nuclear Engineering and Radiation Science. 4(3), 2018. (ESCI 收录，WOS：000432963900006，会议论文集成特刊)

[7] **Yongyong Wu**, Cheng Ren, Rui Li, Pengxin Cheng, Xingtuan Yang, Jiyuan Tu. Data Processing Method for Effective Thermal Diffusivity Experiment of Pebble Bed in High Temperature Gas-cooled Reactors [C]. 25th International Conference on

Nuclear Engineering, ICONE 2017. Shanghai, China: 2017.（EI 收录，检索号：20174404358761）

[8] Pengxin Cheng, Cheng Ren, **Yongyong Wu**, Rui Li. Design and Optimization of Temperature Acquisition System for Determination of Effective Thermal Conductivity of Pebble Bed [C]. 25th International Conference on Nuclear Engineering, ICONE 2017. Shanghai, China: 2017.（EI 收录，检索号：20174404358766）

致　谢

衷心感谢导师屠基元教授对本人的精心指导，屠老师对我科研过程中的及时引导和科研方向的纠正，使得我的科研工作得以顺利进行。屠老师在科研及生活上的言传身教和帮助也使我受益匪浅，在今后的生活中我也会谨记屠老师的教导。

同样感谢实验室团队的姜胜耀教授、杨星团教授、桂南副教授、任成老师和孙艳飞老师对我在科研上的引导。姜胜耀老师为团队指明了科研方向，对科研不断地思考和追求一直影响着整个团队的成员。杨老师对于科学和工程之间的认识为我带来了从本科生到博士生研究思维的转变，也对我的课题和科研选择给予了很大的关心和指导。桂老师为我指明了论文方向，并耐心与我商讨修改论文，使得我的研究成果得以顺利发表。任成老师带领我和其余同学共同完成了研究室承担的高温堆重大专项子课题球床等效导热系数的测量工作。感谢孙艳飞老师在仪器设计及日常事务上给予我的帮助。

在美国得克萨斯 A&M 大学核工程系进行 12 个月的合作研究期间，我受到 Yassin Hassan 教授及博士生 Anas Alwafi 的热心指导与帮助，不胜感激。

在清华大学的 9 年求学中，承蒙各位授课老师对我知识和技能的传授与思想视野上的引导，使我在面对科研及生活难题时得以稳步前行；感谢清华大学先进反应堆工程与安全教育部重点实验室对本书出版的资助。

在此也郑重感谢我的父母及亲人们在我求学期间对我的关心和鼓励，让我得以持之以恒地学习和生活。

吴勇勇

2022 年 6 月